ひらめきを生む「算数」思考術

問題解決力を高める厳選43題

安藤久雄　著

装幀／芦澤泰偉・児崎雅淑
カバーイラスト／中村純司
目次・本文デザイン／坂 重輝（グランドグルーヴ）
図版／さくら工芸社

はしがき

　算数や数学の問題が内包しているおもしろさの一つに，思考経路を変更することで解決できる面が浮き出てくるところがあります。
　たとえば，次の問題を見てみましょう。

> 問：ある数とその数の$\frac{1}{7}$を加えた値は19である。ある数はいくつか。

[注]　この問題は，紀元前1650年頃に古代エジプトの書記官アーメスによって書写された，「リンド・パピルス」あるいは「アーメス・パピルス」と言われる文書に掲載されていました。

　あなたならこの問題を，以下のようなルーチンワークにのせて解決していくのではないでしょうか。
　ある数をxとして，

$$x + x \times \frac{1}{7} = 19$$

と方程式を立てます。そしてこれを解いて

$$x = 19 \times \frac{7}{8} = \frac{133}{8}$$

と，ある数を求めると思います。

　しかし，この問題を「方程式は使わずに求めなさい」と言われたら，どのような解決法が考えられるでしょうか。この解決法について，当時のパピルスは以下のような解説を与えています。

(ア)　「ある数」を7と仮定してみよう。

　　　すると，この数の$\frac{1}{7}$は1である。したがって，「ある数とその数の$\frac{1}{7}$を加えた値」は

$$7 + 7 \times \frac{1}{7} = 8$$

　　　となる。

(イ)　この値は19とは異なるので，補正をする。

(ウ)　8を19にするためには，8を$\frac{19}{8}$倍すればよい。

(エ)　したがって，勝手に仮定した7を$\frac{19}{8}$倍することで，「ある数」は

$$7 \times \frac{19}{8} = \frac{133}{8}$$

　　　と求まる。

　このように，結論を仮定して，そこに補正を加えて解決する扱い方には，問題解決力の研鑽としても通用する一面があります。すなわち，観点を変えることで解決していく

訓練は，洋の東西を問わず算術に課されているおもしろさであろう，と考えられるのです。

　日本の文章題にも同じことが言えます。文章題は，考え方を練るため，実生活上の意味はなくとも謎としてはおもしろみのある四則応用問題のトレーニングとして設けられたものですが，読む人によっては，問題解決力の向上に役立つ面を持っています。本書はここに焦点を当てて，文章題を筆頭に，これに類する規則性の問題や図形問題でまとめてみました。これらの問題を通して，一歩立ち止まって考えることの重要性を再確認し，文章題のおもしろさと重要性に思いを馳せてください。

　最後に，本書の作成にあたっては講談社の小澤久さん，篠木和久さんのアドバイスと，編集担当の渡邉拓さんの力によって，このようにまとめることができました。ここに厚く御礼を申し上げます。

　また原稿の段階で，読者の立場での疑問点や意見をくださった友人の藤岡紘一さん，長い海外生活の中での子育てと帰国後の日本の教育への疑問点などを聞かせてくれた松浦雅美さんにも，この場を借りてお礼を述べさせていただきます。

著　者

『ひらめきを生む「算数」思考術』
目次

はしがき ……………………………………………………………… 3

序章　問題解決力のカギとなる「翻訳力」……………… 9

【1】算数は役に立つのか？ …………………………………… 10
【2】算数を学ぶ二つの理由 …………………………………… 11
　一つ目の理由　問題解決力の研鑽のため ………………………… 11
　二つ目の理由　科学のスタートとして …………………………… 13
【3】四つの力で構成される問題解決力 ……………………… 15
　読解・分析力 ………………………………………………………… 17
　翻訳力 ………………………………………………………………… 18
　目標設定力 …………………………………………………………… 19
　遂行力 ………………………………………………………………… 20
【4】文章題で養う翻訳力 ……………………………………… 22

第1章　文章題 …………………………………………………… 25

翻訳メソッド1　"しらみつぶし"の方法 …………………… 26
翻訳メソッド2　"みなす"という見方・考え方 …………… 29
　参考　「みなす」を図で表現する ………………………………… 31
翻訳メソッド3　文字の登用による式づくり ……………… 34
　コラム　数学ギライをつくった一因 ……………………………… 37
翻訳メソッド4　翻訳のスタートは自問自答 ……………… 38
翻訳メソッド5　観点を変えて考える ……………………… 41
　コラム　翻訳で楽しむ算数 ………………………………………… 44
翻訳メソッド6　図で視覚化する① ………………………… 45

翻訳メソッド7	図で視覚化する②	48
翻訳メソッド8	基準量を数値化する①	51
翻訳メソッド9	基準量を数値化する②	54
翻訳メソッド10	基準量を数値化する③	59
翻訳メソッド11	基準量を数値化する④	64
翻訳メソッド12	基準量を数値化する⑤	67
翻訳メソッド13	定義を復元する①	71
翻訳メソッド14	定義を復元する②	75

第2章　規則性の問題　79

翻訳メソッド15	並んでいる数の特徴を見直す	80
翻訳メソッド16	順番の数に注目して位置を探る	84
翻訳メソッド17	何が要素かを分析する①	87
翻訳メソッド18	何が要素かを分析する②	91
コラム	ガウス計算とは	95
翻訳メソッド19	実験から規則をつかむ	97
コラム	電卓より速い暗算	103
翻訳メソッド20	順番を表す数との関係を調べる①	104
翻訳メソッド21	隣り合う項の関係を調べる	108
参考	等差数列の用語を考える	113
翻訳メソッド22	連続する3項の関係を調べる	116
コラム	フィボナッチ数列のパラドックス	119
翻訳メソッド23	順番を表す数との関係を調べる②	121
翻訳メソッド24	別の規則が見える数列を探す	125
翻訳メソッド25	グループ化する①	129
翻訳メソッド26	グループ化する②	133
翻訳メソッド27	具体化して調べる	136

第3章　図形問題　141

- 翻訳メソッド28　方眼紙の性質を利用せよ①　142
- 翻訳メソッド29　方眼紙の性質を利用せよ②　146
- コラム　$\sqrt{2}$ や $\sqrt{3}$ などを長さに持つ線分の図示　150
- 翻訳メソッド30　計量の基本に立ち返れ①　152
- 翻訳メソッド31　計量の基本に立ち返れ②　156
- 翻訳メソッド32　円は中心と半径で言い換えよ　160
- コラム　8点を通る円　163
- 翻訳メソッド33　直線図形の面積では底辺と高さを探せ　165
- 翻訳メソッド34　線対称図形に注目せよ①　168
- 翻訳メソッド35　線対称図形に注目せよ②　171
- 翻訳メソッド36　角の移動では合同や相似の利用も考えよ　174
- 参考　三角比は便利　179
- 翻訳メソッド37　正五角形は外接円の中心の利用を図れ　181
- 翻訳メソッド38　角の移動は平行線を利用せよ　185
- 翻訳メソッド39　補助線は目的を持って引け　189
- 翻訳メソッド40　展開図の種類とその特徴を考えよ　195
- 翻訳メソッド41　側面の考察では展開図を描け　200
- 翻訳メソッド42　立体表面の求値問題では展開図と抜き書き図を描け　203
- 翻訳メソッド43　立体のイメージを豊かにせよ　209

索引　215

序章

問題解決力の カギとなる 「翻訳力」

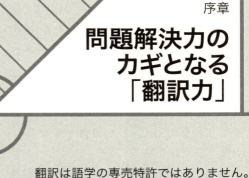

翻訳は語学の専売特許ではありません。算数・数学にも翻訳はあるのです。

翻訳とは「自分で理解できる言葉に置き換えること」で，これを適切におこなえる力，すなわち「翻訳力」が算数・数学の出来・不出来に大きくかかわります。では，算数・数学の問題を解く際に，翻訳力がどのようにかかわるのでしょうか。

1 算数は役に立つのか？

　お子さんやお孫さんから，「なんで数学を勉強しなきゃいけないの？」と問われ，答えに窮した，という話をよく耳にします。読者の中にも，同じ経験をお持ちの方は多いと思います。一方，数学で勉強した「因数分解」「解の公式」「加法定理」などが人生で「役に立った」という人はまれでしょう。じつは，お子さんたちと同じ疑問を持っている読者もいるのではないでしょうか。

　そもそも，中学や高校の数学の授業では，先生から「なぜ数学を勉強するのか」を伝えられた人は少ないでしょう。もしかしたら，先生に聞いても，「重要だから」という曖昧な答えでお茶を濁されてしまったかもしれません。

　なぜ勉強するのかがわからないうえに，数学の教科書が無味乾燥な式の羅列にしか見えず，おもしろみのかけらも感じられなかった，という方が少なくないのではないでしょうか。結果的に，多くの人にとって数学は非常にむずかしい科目となり，ひいてはキライな科目になってしまいました。

　一方で，小学生のころ算数が好きだったという人は，少なくないのではないでしょうか。算数はおもしろいものでした。ましてや，算数を学ぶ必要性など考えたこともなかったと思います。

　さて，では算数・数学を学ぶ理由はどこにあるのでしょうか。本書はまずこの理由を考えることから始めます。

2 算数を学ぶ二つの理由

算数・数学を学ぶ理由を整理すると,大きく次の2つに分けられます。一つは,すべての人にとって有用な「問題解決力の研鑽」。もう一つは,「科学の基礎を担う技術の修得」です。それぞれ詳しく見ていきましょう。

一つ目の理由:
問題解決力の研鑽のため

一つ目の役割「問題解決力の研鑽」について,具体例を使って説明します。

たとえば,グループで登山をすることを考えましょう。このとき,解決すべき問題は「どうすれば登山を成功させられるか」です。その解決のためには,いくつか段階的プロセスを踏みます。まずは登山の「計画」です。より具体的には,「登る山の候補を物色」して,「その山が同行するメンバーの力量で登山可能かを検討」し,「数あるルートの中から最適ルートを決定」するというプロセスです。その後,「計画に沿って登山を実行する」ことになります。

一般の社会人が直面した困難(問題)を解決するときにも,同様の過程を経ることでしょう。その困難にかんする雑多な情報の中から「解決すべき問題は何か」を見つけ出し,「それに対する適切な条件の精査」をする必要があります。このとき,計画の方向性がなかなか見えない場合に

は,「問題の見方を変えて検討し直す」ことも必要です。その計画のもとで「解決への道筋を描き」,そのうえで「実際に遂行する」ことになると思います。

さらに,この流れは算数・数学の問題を解くプロセスとも共通します。まず,「問題文を読み結論を把握する」,その内容を「自分で理解できる言葉や数式,図などに変換し」,この理解のもとで「解答への道筋を描き」,解答にとりかかって「具体的に遂行する」という流れになります。

これらの行動を対比してまとめると,〈表1〉のように整理することができます。

〈表1〉困難解消の手順

登山	困難解消	算数・数学
①山を選ぶ（候補の物色）	①解決すべき問題を見つける	①問題文を読み,結論を把握する
②力量を把握する	②条件を精査する	②問題の内容を理解できる言葉に変換する
③最適ルートを決める	③解決への道筋を描く	③解答への道筋を描く
④計画を遂行する	④計画を遂行する	④答案を作成する

〈表1〉の3つの①に共通して求められるのは,「情報を整理する力」です。これを「読解・分析力」といいます。

②に共通して求められるのは,「観点変更が可能かを判断する力」です。これを「翻訳力」といいます。

③に共通して求められるのは,「ある言い換えのもとで結論までを展望できる力」です。これを「目標設定力」と

いいます。

④に共通して求められるのは,「計画を正しく実行する力」です。これを「遂行力」といいます。

これら4つの力をバランスよく身につけることが,問題解決力を磨くことにつながります。もちろん,問題によって①〜④の力の重要度に差があることはいうまでもありません。

このような共通性がありながら,算数・数学の問題は一般の社会事象ほどの複雑さはないことから,問題解決力の研鑽には適切な教材と考えられ,算数・数学の学習を教育の根底に据えているのです。

二つ目の理由：
科学のスタートとして

冒頭で,「数学を学ぶ理由」に対する答えの例として「重要だから」というものを挙げました。この答えは曖昧すぎますが,間違いとはいえないでしょう。なぜなら,数学はあらゆる科学・技術の基礎になっているからです。素粒子の振る舞いの研究,人工衛星や惑星の軌道の分析,経済学の理論の構築など,数学はあらゆる分野で必須の道具となっています。このような数学の役割を具体的に説明しようとすると,中学・高校レベルを超えた数学の知識が必要になります。それはあまりにも難解なので,「重要だから」という曖昧な答えになってしまうのです。

私たちの日常生活レベルでは,四則演算以上の算数・数学の知識が必要になる機会は限られています。しかし,日

常生活を支える科学・技術は数学に支えられているのです。そう考えると,数学の役割はけっして無視できません。

3 四つの力で構成される問題解決力

　本書では、前節で述べた算数・数学の2つの役割のうち、1つ目の「問題解決力の研鑽」を重視します。そこで、問題解決力についてさらに分析しておきましょう。

　問題解決力は、あらゆる場面で必要となります。前節で紹介した、問題解決力の根幹をなす4つの力は、登山でも、社会人が困難に直面したときにも、算数・数学の問題を解くときにも求められます。そこで、以降では、4つの力「読解・分析力」「翻訳力」「目標設定力」「遂行力」の内容を、算数・数学に特化して分析してみましょう。

　まずは、次の例題とその解答を見てください。

【例1】
　等式 $xy - 3x + 2y = 1$ を満たす整数解を求めなさい。

【解答】
　与えられた等式を y について整理すると

$$(x+2)y = 3x+1 \quad \cdots ①$$

となる。$x+2=0$ とすると、等式は成り立たない。よって、

$$x+2 \neq 0$$

である。このとき①式より

$$y = \frac{3x+1}{x+2} = \frac{3(x+2)-6+1}{x+2} = 3 - \frac{5}{x+2}$$

となる。y が整数になるためには $\frac{5}{x+2}$ が整数でなければならない。さらに，x が整数であるから $x+2$ は 5 の約数でなければならない。よって

$$x+2 = \pm 1, \ \pm 5$$

である。それぞれの場合について，x と y が決まる。

i) $x+2=1$ の場合

$$x=-1, \ y=3-5=-2$$

$$\therefore \ \underline{x=-1, \ y=-2}$$

ii) $x+2=-1$ の場合

$$x=-3, \ y=3+5=8$$

$$\therefore \ \underline{x=-3, \ y=8}$$

iii) $x+2=5$ の場合

$$x=3, \ y=3-1=2$$

$$\therefore \ \underline{x=3, \ y=2}$$

iv) $x+2=-5$ の場合

$$x=-7, \ y=3+1=4$$

$$\therefore \ \underline{x=-7, \ y=4}$$

序章 | 問題解決力のカギとなる「翻訳力」

それでは,4つの力をそれぞれ詳しく解説していきます。適宜,【例1】とその【解答】を見返してください。

読解・分析力

「読解・分析力」は,問題文を読み込むときに必要な力を総称した言葉です。この言葉がさすのは,「解決すべきは何か」を見極める力です。その見極めのためには,与えられた問題の構造に注目する必要があります。【例1】で求められているのは,「1つの等式を満たす文字 x, y の値」です。すなわち,この問題の構造は「等式(方程式)を解け」という非常に単純なものです。

また,問題の構造とともに,与えられた条件を把握しなければなりません。通常,算数・数学の問題では,解決のために必要な条件が与えられます。ただし,ときには常識的な知識から補う必要もあります。【例1】で与えられた条件は,「等式 ($xy-3x+2y=1$)」と「整数解 (x と y は整数である)」です。さらに,「整数」という用語は定義された数学用語であり,この用語の解釈には定義に戻ることで,「約数」「倍数」の考え方が復元されてくるのです。

このように,読解・分析力を支える力を整理すると,〈表2〉のようにまとめられます。

〈表2〉読解・分析力を支える力

(i) 問題の構造を分析する力
(ⅱ) 与えられた条件を把握する力
(ⅲ) 定義,定理を復元できる力

翻訳力

「翻訳力」は問題解決の方向性を選別するために必要な力です。読解・分析力を駆使して問題の構造・条件が把握できたとしても，それだけではそれ以降何をすべきかわかりません。その後の行動を左右するのが翻訳力なのです。言い方を変えれば，問題文の内容を別の言葉で言い換える（式を別の式で言い換える，文字を与えて立式化する，内容を図解する，など）ことで，内容がより明確に把握できることになり，解決への方向性が俎上に載るのです。

【例1】でも，与えられた式を別の式

$$y = 3 - \frac{5}{x+2}$$

に言い換えることで，「整数」の条件が「y が整数ならば $\frac{5}{x+2}$ も整数でなければならない」という別の整数の条件が現れ，解決の方向性が見えてきたのです。

あるいは，図形問題に見られるように，求めるものを直接文字で置くのではなく，たとえば角の大きさを文字で置き換えることを通して，求めるものを表現するなども，よく使われる方法です。このような力も含めて，翻訳力を支える力を整理すると，〈表3〉のようになります。

〈表3〉**翻訳力を支える力**

（ⅰ）	文字を使いこなす力
（ⅱ）	図や表を使いこなす力
（ⅲ）	文章または式を言い換える力

目標設定力

問題解決力には「目標設定力」も含まれます。

この力を説明するのにわかりやすい例として,マラソンを考えましょう。マラソンは 42.195 km を走る競技で,ランナーは目標として「3 時間」などの記録を掲げます。これがまさに目標設定に相当しますが,多くのマラソンランナーはさらに,5 km や 10 km といった短い距離の目標タイムを設定しています。短い距離の目標タイムの積み上げとして,42.195 km を走りきる時間の目標を設定しているのです。すなわち,5 km ごとのラップタイムを当面の目標とし,その結果としての走破タイム(最終目標)を展望してレースに臨んでいるのです。

【例 1】でも同じことです。整数が決定できる方法の一つに「『$\dfrac{a}{m}$ が整数』⇔『m は a の約数』」があります。これが,マラソンでいうラップタイムである当面の目標です。解答では,当面の目標として式を $y = 3 - \dfrac{5}{x+2}$ から $\dfrac{5}{x+2}$ を導出し,それを利用して最終目標である x, y が決定できると展望して進めているのです。もちろん,最終目標までの展望は論理的でなければなりません。

なお,この問題は不定方程式の整数解として有名な問題であり,学んだことのある解答の流れを連想しながら進めることも目標設定力には不可欠の力です。

さらに,数列の問題や確率など(自然数 n に関する問題)で一般性を調べる方法として,$n = 1$, 2, 3 などの具体

な数値で様子を調べ、それをもとに一般化を進めるという力も必要です。言い換えれば「具体化して様子を見る力」です。

目標設定力を支える力を整理すると、〈表4〉のようになります。

〈表4〉**目標設定力を支える力**

| （ⅰ） 論理的に展望する力 |
| （ⅱ） 類似問題を連想する力 |
| （ⅲ） 具体化して様子を見る力 |

遂行力

最後に必要となるのが「遂行力」です。適切に目標を設定できたとしても、確実な実践が伴わなければ、数学の問題を解くことはできません。遂行力もやはりいくつかの力に支えられています。

たとえば、Aという翻訳で最終結論までまとめあげることもできるが、別のBという翻訳でも最終結論までを展望できる場合もあります。このようなとき、どちらの方法でまとめあげるかを判断する力が必要になります。この判断をする力が遂行力を支える力の一つで、「手法を選択する力」です。

なお、Aの翻訳に対して、Bの翻訳で結論までをまとめる方法を「別解」といい、「別解」の研究はその問題から得られる問題解決力がより広がることを意味します。

A、Bどちらの翻訳でも、まとめあげに必要な力は「目

標に向かって正確に展開できる力」です。いわゆる計算力です。なお，一つの問題の中に（1），（2）などと枝問をつけて提示しているものもあります。（2）には（1）の利用など問題の構造に注視するばかりでなく，「設問を活用していく力」は最終結論までをまとめるときにも必要な力です。

遂行力をまとめると，〈表5〉のようになります。

〈表5〉遂行力を支える力

（ⅰ） 手法を選択する力
（ⅱ） 正確に展開できる力
（ⅲ） 設問を活用できる力

4 文章題で養う翻訳力

　四つの力のうち，翻訳力は考えて行動する力を育む便法にもなっています。

　小学校で学ぶ算数の中身は，一，十，百，千，万，億，兆，京などの単位の呼び名である命数法，10進法などの位取り記数法，整数，小数，分数などの量の表現法とそれらの四則計算法，比と比例，基礎的な図形など，日常生活で困らない程度の知識を身につけることにあります。これとともに，算数は思考力を高める教科として位置づけられており，その目的を達成するために考案されたのが文章題です。

　文章題は日常生活のいろいろな場面で想起される事柄を題材に，その解決には場面を別の解釈によって解くことを通して，思考力を高める問題として提示されています。このことは，これまでに述べた4つの力のバランスもさることながら，与えられた場面を別の解釈で解決できるという一面があることを意味しています。すなわち，文章題は，より翻訳力に比重を置いた解決が可能になり，この面から考えて行動する力が育まれるのです。

　文章題は，読み換えるときの類似性に注目して，「○○算」といった名称がつけられています。たとえば，2人の年齢の差はつねに一定であることに注目して問題の場面を言い換えて解く「年齢算」，状況を図解することで全体を見通して解く「植木算」，与えられた文章の条件に対して後ろ

の条件から一歩一歩前にさかのぼって読み換えることで解く「還元算」など，その種類は豊富で，しかも，題材は実生活の中に出てくるようなおもしろさも兼ね備えているのです。

　本書では，第1章で昔から知られている代表的な読み換え方を紹介し，第2章では規則性を読み換えの基本に据えた問題，第3章では図形問題での読み換えを提示しています。いずれも翻訳力が解決の決め手となり得るので，楽しんでください。

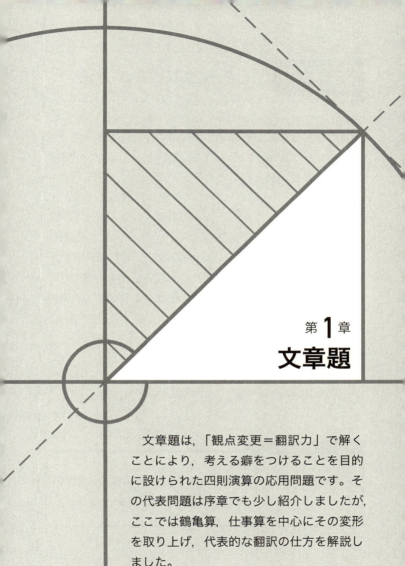

第1章
文章題

　文章題は,「観点変更＝翻訳力」で解くことにより, 考える癖をつけることを目的に設けられた四則演算の応用問題です。その代表問題は序章でも少し紹介しましたが, ここでは鶴亀算, 仕事算を中心にその変形を取り上げ, 代表的な翻訳の仕方を解説しました。

翻訳メソッド 1 "しらみつぶし" の方法

　みなさんは，問題を解くとはどのようなことかを考えたことがありますか。問題を解くとは，与えられた内容を単一の言葉で言い換えることと解釈することができます。

　たとえば，「1個100円のリンゴを5個買ったとき，代金はいくらでしょうか」という問題は，「リンゴを1個買ったら代金は100円，2個買ったら200円，……，5個買ったら500円」と読み換えられます。また，かけ算の知識があれば「100円×5＝500円」という言い換えも可能です。

　このように，問題を解くとは，複数の条件の組み合わせで表される内容（上の例であれば，「1個100円のリンゴを5個買ったときの代金」）を単一の言葉（「500円」）で言い換えること，と解釈できます。ただし算数では，言い換えに使える道具は四則演算と図，表程度です。したがって，多くは言葉の言い換えでおこなわなければなりません。

【問1】鶴亀算（I）

　鶴と亀が合わせて9匹います。足の数は合わせて26本です。鶴と亀はそれぞれ何匹いますか。

［注］鶴の個体数を数えるときには単位に「羽」を使うべきですが，便宜上，ここでは鶴も亀も「匹」で数えました。

見方・考え方

　まず，問題文を読み込んで，「隠れている制限」を探しましょう。この問題文には，1匹の鶴と亀の足の数が書かれていません。それぞれ2本と4本であることは常識ですが，これがこの問題では隠されています。

　次に，問題文に表された制限の翻訳が必要です。「鶴と亀が合わせて9匹」という内容を翻訳してみましょう。この内容を満たす鶴と亀の個体数の組み合わせは，「鶴0匹，亀9匹」「鶴1匹，亀8匹」……「鶴9匹，亀0匹」の10通りです。たとえば「鶴1匹，亀8匹」の場合，足の数の合計は

$$2 \times 1 + 4 \times 8 = 2 + 32 = 34 \text{ 本}$$

となり，与えられた制限（足の総数は26本）を満たしません。このように鶴と亀の個体数の組み合わせを変えながら，すべての場合の適否を順次調べていくのもよいでしょう。この方法を「しらみつぶしの方法」と言います。単純ですが，算数・数学の重要な解法の一つです。このとき，鶴と亀の数の組み合わせと足の数の合計について，表に整理して検討するのもすぐれた方法です。いずれも地道な作業を含みますが，まさに「翻訳」です。

解説1

与えられた内容から，次の2つの規則を導くことができる。
(ⅰ) 鶴と亀の個体数9匹は不変
　　⇒鶴が1匹減れば，亀は1匹増える。
(ⅱ) 個体数と足の本数の関係
　　⇒鶴1匹の増減で足は2本増減し，
　　　亀1匹の増減で足は4本増減する。
表を使ってこれらの規則を整理すると，次のようになる。

鶴の数	0	1	2	3	4	5	6	7	8	9
亀の数	9	8	7	6	5	4	3	2	1	0
鶴の足	0	2	4	6	8	10	12	14	16	18
亀の足	36	32	28	24	20	16	12	8	4	0
足の計	36	34	32	30	28	26	24	22	20	18

この表の中から，与えられた条件に合致する足の総数(26本)を探し，それを実現する鶴と亀の数の組み合わせを答えればよい。

　　　　　　　　　　　　　　答　鶴5匹，亀4匹

翻訳メソッド 2 "みなす"という見方・考え方

【問1】では,鶴と亀の個体数の組み合わせが10通りしかなかったため,しらみつぶしの方法でもそれほど苦労しませんでした。しかし,鶴亀算をしらみつぶしの方法で解こうとすると,鶴と亀の個体数の増加とともに手間が増えます(大きな表をつくらなければなりません)。そのようなとき,思考の中でこれを解消する方法として,文章題では独特の翻訳方法があります。それが,「みなす」という見方・考え方です。

「みなす」とは「大人とみなす」のようにして使われる言葉で,見てこれだと仮定することで矛盾を引き出し,そこから解決策を練るのです。

なお,規則性に着目して具体的に調べるしらみつぶしの方法はコンピュータの得意とする操作であり,けっして無視すべき方法ではないことを付け加えておきます。

【問2】鶴亀算(Ⅱ)

鶴と亀が合わせて65匹います。足の数は合わせて210本です。鶴と亀はそれぞれ何匹いますか。

見方・考え方

65匹すべてを鶴とみなすと，足の総数は与えられた内容と一致しません。この「仮定」と「現実」の不一致が生じた原因を分析することで，解決の手がかりをつかむことができます。

解説2

65匹全部を鶴とみなすと，足の総数は

$$2 \times 65 = 130 \text{ 本}$$

である。しかし，これでは与えられた制限（足の総数＝210本）に対して80本不足する。この原因は，亀を鶴とみなしたために，亀1匹につき2本ずつ足を少なく数えてしまったことにある。

したがって，亀の数は

$$80 \div 2 = 40 \text{ 匹}$$

と求められる。よって，鶴の数は

$$65 - 40 = 25 \text{ 匹}$$

である。

<u>答　鶴25匹，亀40匹</u>

[注] 算数に鶴亀算が登場するのは，この「みなす」という翻訳方法を身につけるため，といっても過言ではありません。

「みなす」を図で表現する

〈図1〉の長方形の面積は,縦の長さを x,横の長さを y とすると,これら2数の積 xy で表せます。

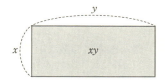

〈図1〉 長方形の面積

このように,2つの数の積で表される量は長方形の面積で表せます。このような図を**面積図**と呼んでいます。たとえば,縦に足の数,横に個体数をとると,足の総本数は長方形の面積で表すことができます。

【問2】は面積図を利用して,次の①〜③の3段階で解決できます。

① 縦の長さを足の数,横の長さを個体数として,鶴と亀の足の数を表す面積図を並べて描くと,〈図2〉のようになります。左の長方形の面積が鶴の足の総数,右の長方形の面積が亀の足の総数を表します。したがって,2つの長方形の面積の和は,鶴と亀の足の総数(210本)を表します。【問2】で求めたいのは,2つの長方形のそれぞれの横の長さ,すなわち,それぞれの個体数です。

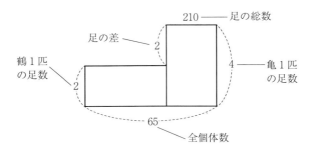

〈図2〉 鶴と亀の足の数を表す面積図

[注]〈図2〉のように,面積図をつなげて一図に描くときには,縦横の意味をごちゃ混ぜにしないようにしましょう。

② 65匹がすべて鶴だった場合の足の総数

$$2 \times 65 = 130 \text{ 本}$$

は,〈図3〉の網かけ部分(縦の長さが2の長方形)の面積で表せます。

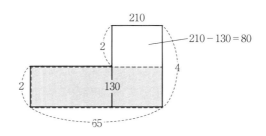

〈図3〉 すべてが鶴だった場合の面積図

③ 〈図3〉で網かけ部分の上に突き出た白地の部分の面積は，誤った仮定のために数え損ねた亀の足の数を表します。その数は

$$210 - 130 = 80 \text{ 本}$$

です。この部分（長方形）は，縦の長さが2で，横の長さが亀の個体数に相当します。したがって，亀の個体数は

$$80 \div 2 = 40 \text{ 匹}$$

となります。亀の個体数がわかったので，鶴の個体数は

$$65 - 40 = 25 \text{ 匹}$$

と決まります。

このように面積図を用いて内容を表現することで，「みなす」ことの意味がより明確になります。

[注] 中学進学塾では，面積図を使った解法が積極的に教えられているようです。

翻訳メソッド3 文字の登用による式づくり

　文章題の内容を翻訳する方法として，求めるものを□や△などの記号，あるいは x や y などの文字に置き換えるのも有効です。この置き換えにより，与えられた内容を記号や文字を使った式として表現できますが，この後の処理では数学の知識（文字式の扱い方など）が必要となります。この方法を本書では**代数の方法**と呼びます。

　この文字を使って翻訳するという方法は代数学の始まりであり，科学としての数学のスタートといえます。

【問3】鶴亀算（Ⅲ）

　鶴と亀が合わせて 900 匹います。足の数は合わせて 2920 本です。鶴と亀はそれぞれ何匹いますか。

見方・考え方

　鶴の個体数を x（匹），亀の個体数を y（匹）と文字で置き換えることで，与えられた2つの内容は次のように2つの式で言い換えることができます。

　内容の1：鶴と亀が合わせて 900 匹いる。

$$\Rightarrow \quad x+y=900$$

内容の2:足の数は全部で2920本である。

$$\Rightarrow \quad 2x+4y=2920$$

これら2式を満たす x と y の値を求めればよいことになります。x と y の代わりに □ と △ を使っても同じことです。

次の【解説3-1】では,この代数の方法を適用してみましょう。もちろん,この問題は前節で学んだ面積図を使った方法でも解決可能です(【解説3-2】参照)。

🎓 解説3-1

鶴の個体数を x,亀の個体数を y とおくと,鶴と亀の個体数の条件から

$$x+y=900 \quad \cdots ①$$

が成り立つ。また,足の総数の条件から

$$2x+4y=2920 \quad \cdots ②$$

が同時に成り立つ。
①式から

$$y=900-x \quad \cdots ③$$

と表せる。これを②式に代入して整理すると

$$2x + 4(900 - x) = 2920$$

$$x = 340 \quad \cdots ④$$

となる。よって，鶴の個体数は 340 匹である。

また，④式を③式に代入すると

$$y = 900 - 340 = 560$$

となり，亀の個体数が得られる。

答　鶴 340 匹，亀 560 匹

解説 3-2

与えられた内容をもとに面積図を描き，900 匹すべてを鶴とみなした場合の面積図を網かけにすると，下図のようになる。このとき，網かけにしていない部分の面積は

$$2920 - 2 \times 900 = 1120$$

である。この長方形の横の長さが亀の個体数を表す。亀の個体数は

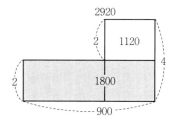

$$1120 \div 2 = 560 \text{ 匹}$$

となり，鶴の実際の個体数も求められる。

$$900 - 560 = 340 \text{ 匹}$$

答　鶴 340 匹，亀 560 匹

数学ギライをつくった一因

1）【解説3-1】では，求めたい2つの数を x と y という文字に置き換え，与えられた内容を x と y についての式（①式と②式）に翻訳しました。そして，この2式を操作することで x と y の値を求めました。

2）このように文字を使って未知数を求めるときには，**使用する文字と同じ数の式を立てる**必要があります。文字が2つ（ x と y ）ある場合は，一方の式を使って y を x の式で表します（【解説3-1】の③式）。その式をもう一方の式に代入すれば， x が求まります。このように，**等式は文字の消去のためにある**のです。

3）①式，②式のように表現された式を**連立方程式**といいます。連立方程式の解法では，その操作法を代入法や加減法などと呼んで，操作法をクローズアップしすぎているように思われます。本質は等式を用いて文字を消去する操作にすぎません。

生徒が数学ギライになる一因として，この操作法に目を奪われ，本質を見失っていることにあるのではないでしょうか。

翻訳メソッド4 翻訳のスタートは自問自答

問題文にある制限を別の言葉で言い換えるときの基本姿勢は「自問自答」です。ある制限に対して「～とは」と自分に問いかけ，その答えを用意することで適切な翻訳が生まれてきます。この姿勢をとることで，最初は重要に見えなかった問題文の言葉が，じつは大きな意味を持っていたことなどがわかるのです。

【問4】硬貨の枚数

10円玉，100円玉，500円玉の3種類の硬貨が合わせて27枚あり，その総額は3180円です。500円玉は何枚ありますか。ただし，10円玉は10枚以下です。

見方・考え方

総額3180円となるとは，と自問したとき，下2桁の80円は（50円玉がないので）10円玉のみでしかつくることはできません。この言い換えから，10円玉の使用枚数は8枚と決まってしまいます。

これを決めた後にもう一度問題文の全体を言い換えてみると，この問題は「100円玉と500円玉が合わせて19枚あり（ただし，500円玉は6枚以下），その総額は3100円

です。500円玉は何枚ありますか」と言い換えられます。これは，鶴亀算と同種の問題です。

解説 4-1

合計金額の下2桁の「80」円は10円玉8枚でしかつくれない。また，500円玉は7枚以上使えない。このことから，使用する硬貨の枚数を27－8＝19枚として100円玉と500円玉の2種類で3180－80＝3100円をつくればよい。

100円玉と500円玉の枚数の組み合わせは7通りしかない。そのすべてを表に整理すると，次のようになる。

500円	0枚	1枚	2枚	3枚	4枚	5枚	6枚
金額	0	500	1000	1500	2000	2500	3000
100円	19枚	18枚	17枚	16枚	15枚	14枚	13枚
金額	1900	1800	1700	1600	1500	1400	1300
合計	1900	2300	2700	3100	3500	3900	4300

よって，500円玉の枚数は3枚である。

解説 4-2

（前半は【解説 4-1】と同じ）
次の面積図を利用して解ける。

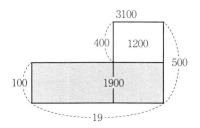

$$3100 - 100 \times 19 = 1200$$
$$1200 \div (500 - 100) = 3$$

答　3 枚

解説 4-3

（前半は【解説 4-1】と同じ）

500 円玉を x 枚，100 円玉を y 枚とすると

$$x + y = 19$$

$$500x + 100y = 3100$$

の 2 式が成り立つ。これらを解くと x が求められる。

$$x = 3$$

答　3 枚

翻訳メソッド5　観点を変えて考える

　翻訳には，内容を別の言葉で言い換える，内容を図解する，内容を文字を使って言い換えるなど，いろいろあります。これらの翻訳の仕方によって，それ以降の答えにいたる展開は変わってきます。下の問題では少なくとも3通りの解法を考えてみてください。

【問5】サポーターの人数

　25人でサッカーの試合を見に行くことになりました。入場料は一般客の場合，1人2000円ですが，サポーターの入場料はこの半額です。入場料の総額は32000円でした。25人の中にサポーターは何人いたでしょうか。

見方・考え方

　【解説5-1】は「みなす」というオーソドックスな解法，**【解説5-2】**は面積図を用いた解法，**【解説5-3】**は代数の方法で考えてみましょう。

解説 5–1

もし 25 人全員が一般客だったとすると，入場料の総額は

$$2000 \times 25 = 50000 \text{ 円}$$

になる。これは，実際よりも

$$50000 - 32000 = 18000 \text{ 円}$$

高い。

サポーター 1 人の入場料は 1000 円なので，一般客が 1 人減ってサポーターが 1 人増えると，入場料は 1000 円減る。したがって，サポーターの数は

$$18000 \div 1000 = 18 \text{ 人}$$

とわかる。

<u>答　18 人</u>

解説 5–2

1 人あたりの入場料は，一般客では 2000 円，サポーターでは 1000 円であり，人数が 25 人とわかっている。そこで，縦の長さを 1 人あたりの入場料，横の長さを人数として，一般客とサポーターの入場料の合計を表す面積図を描く。これは次のようになる。

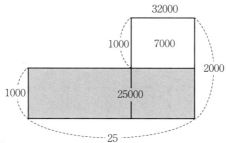

図より

$$(32000 - 1000 \times 25) \div 1000 = 7000 \div 1000 = 7 \text{ 人}$$

したがって，サポーターの人数は

$$25 - 7 = 18 \text{ 人}$$

となる。

答　18人

解説 5-3

サポーターの人数を x 人とする。サポーターの料金は 1000 円であるから

$$1000x + 2000 \times (25 - x) = 32000$$

$$(2000 - 1000)x = 50000 - 32000$$

$$1000x = 18000$$

$$x = 18$$

答　18人

◢コラム

翻訳で楽しむ算数

ある言葉を別の言葉で言い換えることを「翻訳」といいます。翻訳というと，日本語から英語への変換のような，語学の問題を思い浮かべるかもしれません。しかし，翻訳は数学の問題を解くうえでも重要です。文章を式や図で言い換え，式を別の式に変形するといった，数学独特の翻訳があるのです。

数学における翻訳は，次の4パターンに分類・整理することができます。

　ア　言葉を別の言葉で言い換える
　イ　言葉を図やグラフで言い換える（逆もあり）
　ウ　言葉を式で言い換える（逆もあり）
　エ　式を別の式に変形する

ここまでの【問】で扱った手法をこのア～エにあてはめると，次のようになります。

【問1，4】は，「個体数9匹と足数の26本」を数値に順次翻訳したもので，アに該当します。

【問2，5】は，「みなす」とする独特な読み換えで，イやウに該当する翻訳といえます。

【問3，4】は，文字を使って内容を式に翻訳し，さらに式変形で結論を得るウやエに該当します。

数学が「楽しい」から「おもしろい」になれなかった一因は，「数学＝計算」と思い込み，この翻訳の視点に心が向かわなかったことにあるのかもしれません。

第1章 文章題

翻訳メソッド6 図で視覚化する①

翻訳を確実におこなうには，問題文の内容を正確に理解しなければなりません。そのときの道具としてしばしば用いられるのが，図などを利用した「視覚化」です。

【問6】差集め算

俳句の会の仲間がレストランで食事をし，会費として各自から同じ金額を集めることにしました。1人2500円ずつ集めて食事代を支払うと900円余り，2300円ずつ集めて支払うと100円余ります。この会の人数と食事代（総額）を求めなさい。

見方・考え方

出資金と残金の関係を図示すると，次ページの〈**図1**〉のようになります。この図から，残金の違いは出資金の違いからくることがわかります。

・1人 2500 円ずつ集めた場合

・1人 2300 円ずつ集めた場合

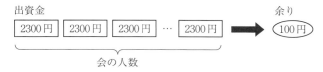

〈図1〉 出資金と残金の関係

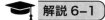

上の図から，2300 円ずつ集めたときと 2500 円ずつ集めたときとの残金の差は，1人あたりの出資金の差額を人数分加えたものに等しいことがわかる。

残金の差額は

$$900 - 100 = 800 \text{ 円}$$

であり，出資金の差額は

$$2500 - 2300 = 200 \text{ 円}$$

である。したがって，会の人数は

$$800 \div 200 = 4 \text{ 人}$$

とわかる。また，食事代は

$$2500 \times 4 - 900 = 9100 \text{ 円}$$

である。

<u>　　答　人数は 4 人，食事代は 9100 円</u>

 解説 6-2

人数を x 人とすると，

$$2500x - 900 = 2300x - 100$$

が成り立つ。これを変形すると

$$(2500 - 2300)x = 900 - 100$$

$$200x = 800$$

$$x = 4$$

となる。したがって，食事代は

$$2500 \times 4 - 900 = 9100 \text{ 円}$$

である。

<u>　　答　人数は 4 人，食事代は 9100 円</u>

[注] この問題は，各自の出資金の差を集めた金額が残額の差に一致することに注目して解決しました。このような問題を**差集め算**と呼んでいます。問題によっては出資金が余ったり，不足したりする場合もあります。このことから，差集め算は**過不足算**とも呼ばれています。

翻訳メソッド7　図で視覚化する②

　次に,【問6】よりすこし複雑な差集め算（過不足算）を見てみましょう。【問6】では，人数と食事代は一定でした。もしこのいずれかが変化するとしたら，どちらか一方にそろえるための工夫が必要になります。

【問7】過不足算

　子ども会にあめ玉と板チョコレートが寄贈されたので，おやつとして配ることになりました。どちらも子どもたちに均等に配ることにします。ただし，寄贈されたあめ玉の数は板チョコの3倍でした。あめ玉を10個，板チョコを5枚ずつ配ると，あめ玉は16個余り，板チョコは8枚足りません。寄贈されたあめ玉と板チョコの数，および子どもの人数を求めなさい。

見方・考え方

　この問題では配るお菓子の種類があめ玉とチョコレートの2種類あります。このようなことは実生活でもしばしばあります。たとえば，ドルと円が混在していればどちらか一方に統一して考えるでしょう。ここでも状況は同じです。どちらかに統一して考えるのです。ここではあめ玉に置き

換えて翻訳してみましょう。

あめ玉はチョコレートの3倍あることから,チョコレート1枚をあめ玉3個に置き換えて配り方を整理すると,チョコレートの部分は,「あめ玉を15個ずつ配ると,24個不足する」と表現でき,考えやすくなります。

🎓 解説7

配付個数をあめ玉に言い換えて考える。

あめ玉の個数はチョコレートの枚数の3倍あるから,チョコレート1枚はあめ玉3個に匹敵する。あめ玉を10個配る場合と15個配る場合を図示すると,次のようになる。

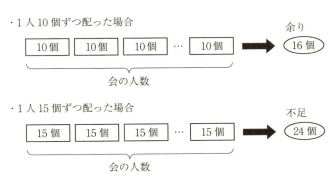

〈図1〉配布個数と余り・不足数の関係

いま,2つの配り方の過不足分16個と24個の和は,各人が受け取るあめ玉の個数の差5個を人数分加えた値に等しい。よって,子どもの人数は

$$(16+24) \div 5 = 40 \div 5 = 8 \text{人}$$

と求められる。

したがって，あめ玉の個数は

$$10 \times 8 + 16 = 96 \text{個}$$

であり，チョコレートの枚数は

$$5 \times 8 - 8 = 32 \text{枚}$$

である。

<u>答　あめ玉は96個，チョコレートは32枚，
子どもは8人</u>

翻訳メソッド 8 基準量を数値化する①

　算数では，能力が異なる複数の人間が，1つの仕事を共同でおこなう状況を扱う問題があります。これを**仕事算**と呼びます。仕事算の問題でも，「目標は何か，与えられた制限は何か」などを見定めたうえで，基準となる量に数値を与えることで翻訳が容易になります。この数値の設定の仕方が仕事算の翻訳のキーポイントです。

【問8】仕事算（Ⅰ）

　ある仕事を終わらせるのに，翔太君は10日，雄太君は15日かかります。この仕事を2人でおこなうと，何日で終わるでしょうか。ただし，2人とも1日で進める仕事量はつねに一定とします。

見方・考え方

　与えられている「10日」や「15日」といった数値は，翔太君，雄太君の仕事の遂行能力を表します。これらをもとに，2人のそれぞれの1日の仕事量や全体の仕事量を設定することが第一目標です。
　これらの設定には，鶴亀算のところで述べた「みなす」という考え方が有効です。たとえば，翔太君の1日の仕事

量を1とみなせば，これを基準に全仕事量や雄太君の1日の仕事量を数値化できます。あるいは，全仕事量を基準量の1とみなして読み換えていくのもよいでしょう。

解説 8–1

翔太君の1日の仕事量を1とする。翔太君がひとりで仕事を終わらせるのに10日かかることから，全仕事量は10と表せる。

一方，雄太君がひとりで仕事を終わらせるのに15日かかることから，雄太君の1日の仕事量は

$$10 \div 15 = \frac{2}{3}$$

と表せる。

したがって，共同でおこなうときの1日の仕事量は

$$1 + \frac{2}{3} = \frac{5}{3}$$

となる。よって，共同で仕事を終わらせるために要する日数は

$$10 \div \frac{5}{3} = 6 \text{ 日}$$

と求められる。

答　6日

全体の仕事量を 1 とみなす。翔太君はこの仕事を 10 日で終わらせるから、翔太君の 1 日の仕事量は $\frac{1}{10}$ と表せる。

同様に、雄太君の 1 日の仕事量は $\frac{1}{15}$ と表せる。

したがって、翔太君と雄太君が 2 人で共同作業をするときの 1 日の仕事量は、

$$\frac{1}{10} + \frac{1}{15} = \frac{3+2}{30} = \frac{5}{30} = \frac{1}{6}$$

となる。よって、2 人が共同で全仕事を終わらせるのに要する日数は

$$1 \div \frac{1}{6} = 6 \text{ 日}$$

である。

答　6 日

翻訳メソッド9 基準量を数値化する②

　各人の仕事の遂行能力が数値で与えられているとき，全仕事量は算数の知識である最小公倍数を利用して表すこともできます。

　最小公倍数とは，複数の整数が共通に持つ倍数の中で最小のものをいいます。たとえば，2つの数 a と b の最小公倍数とは，a と b の倍数を，それぞれ小さいほうから順に並べていったときに初めて現れる共通の数のことです。

　$a=2$，$b=3$ の場合について，具体的に考えてみましょう。a と b の倍数を小さいほうから並べていくと，

　　a の倍数：2，4，6，8，10，12，…
　　b の倍数：3，6，9，12，…

となり，共通の倍数として6や12が現れます。これら共通の倍数の中で，いちばん小さい数6を2，3の最小公倍数といいます。

　ここでは，この道具（最小公倍数）を用いて仕事全体の量や，各人の1日の仕事量を表すのです。

　前節の【問8】と同じ問題を，最小公倍数という道具を使って解いてみましょう。

【問9】仕事算（Ⅱ）

ある仕事を終わらせるのに，翔太君は10日，雄太君は15日かかります。この仕事を2人でおこなうと，何日で終わるでしょうか。ただし，2人とも1日で進める仕事量はつねに一定とします。

見方・考え方

それぞれの仕事の遂行能力は翔太君が10日，雄太君が15日です。そこで，これら2つの数「10」と「15」を用いて全仕事量を表せないかを考えます。すなわち，10の倍数と15の倍数の中で共通な値を全仕事量とみなすのです。

10の倍数：10，20，30，40，50，60，…
15の倍数：15，30，45，60，…

共通な値の代表は最小公倍数で，それは30です。そこで，この値30を全仕事量とみなすのです。

全仕事量を30とみなせば，翔太君の1日の仕事量は

$$30 \div 10 = 3$$

と整数で表せます。雄太君も同様に整数値で表現できます。

また，この解答を代数の方法でおこなおうと思った人もいるでしょう。もちろんそれも可能です。

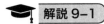**解説 9-1**

全仕事量を 10 と 15 の最小公倍数 30 とみなすと

　　　　翔太君の 1 日の仕事量は　$30 \div 10 = 3$

　　　　雄太君の 1 日の仕事量は　$30 \div 15 = 2$

と表せる。したがって，共同作業での 1 日の仕事量は

$$3 + 2 = 5$$

となる。

　よって，共同作業で全仕事量 30 を完成させるのに要する日数は

$$30 \div 5 = 6$$

である。

答　6 日

[注]　**【解説 8-1】**や**【解説 8-2】**では分数の計算が登場しましたが，この解説のように，算数の道具である最小公倍数を利用すると，分数計算を避けられます。
　その理由は，次の図のように全仕事量を 1 とみなすところを，10 と 15 の最小公倍数である 30 とみなすところにあります。言い方を変えれば，全体の 1 を 30 等分したもので読み換えているのです。このようにすることにより，翔太君，雄太君の 1 日の仕事量は 30 等分したうちの 3 個と 2 個と整数で表現できるのです。

第1章 | 文章題

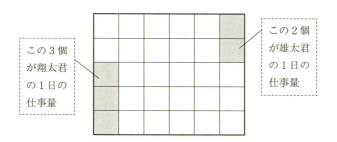

 解説 9-2

全体の仕事量を1とみなすと

> 翔太君の1日の仕事量は $\dfrac{1}{10}$
>
> 雄太君の1日の仕事量は $\dfrac{1}{15}$

と表せる。

翔太君と雄太君が x 日働いて進められる仕事量はそれぞれ $\dfrac{1}{10}x$ と $\dfrac{1}{15}x$ である。これらの和が全仕事量（＝1）になる x の値を求めればよい。したがって

$$\dfrac{1}{10}x + \dfrac{1}{15}x = 1$$

として整理すると

$$\left(\dfrac{1}{10} + \dfrac{1}{15}\right)x = 1$$

$$\dfrac{1}{6}x = 1$$

$$x = 6$$

となる。

答　6日

解説 9–3

全体の仕事量を 10 と 15 の最小公倍数 30 とみなすと

　　翔太君の 1 日の仕事量は　$30 \div 10 = 3$

　　雄太君の 1 日の仕事量は　$30 \div 15 = 2$

と表せる。したがって，完成するまでの日数を x 日とすると，全体の仕事量は 30 だから

$$3x + 2x = 30$$

$$5x = 30$$

$$x = 6$$

答　6日

［注］　1）x 日で完成させるとは，翔太君が x 日働き，雄太君も x 日働くということです。
　　　2）新たに算数の知識である最小公倍数を活用することで，分数計算が排除できます。そのため，小学校では最小公倍数を利用する指導が多いようです。

翻訳メソッド 10 基準量を数値化する③

　仕事算のバリエーションの一つに，水槽に水を入れるときの注水条件に関する問題があります。注水管が2本だったり3本だったり，途中から3本になるなど，いろいろと目先を変えている問題も見受けられます。目先を変えられても，基準となる量の数値化が解決のポイントになることに変わりはありません。まずは，注水量の異なる3本の管が登場する問題を考えてみましょう。

【問10】注水問題

　3本の水道管（A管，B管，C管）から水を入れられる水槽があります。A管だけで水槽を満水にするには12分，B管では24分，C管では36分かかります。
　空の水槽に，まずA管とB管を使って水を入れ，ある時点からはC管だけを使って水を入れたところ，満水になるまでに15分かかりました。C管を使い始めたのは，水槽に水を入れ始めてから何分後でしょうか。

見方・考え方

　「水槽を満杯にすること」を，「ある仕事を完成させるこ

と」と読み換えれば，この問題は仕事算そのものです。したがって，基準になる量をどのように数値化するかがポイントになります。

このように，新しい問題に臨むとき，過去に経験した問題（類題）と共通する部分を発見し，類題を参考に解答を練ることは，算数，数学ではきわめて大切な姿勢です。これは日常で出会う問題でも活かせます。

解説 10−1

A 管の 1 分間の注水量を 1 とみなすと，A 管では 12 分で水槽が満水になるから，満水量は 12 と表せる。

これをもとに B 管，C 管の 1 分間の注水量を求める。B 管では 24 分で満水になるから，B 管の 1 分間の注水量は

$$12 \div 24 = \frac{1}{2}$$

と表せる。同様に，C 管の 1 分間の注水量は

$$12 \div 36 = \frac{1}{3}$$

と表せる。

A 管と B 管を同時に使うときの 1 分間の注水量は

$$1 + \frac{1}{2} = \frac{3}{2}$$

である。したがって，もし A 管と B 管を 15 分間使うと

$$\frac{3}{2} \times 15 = \frac{45}{2}$$

注水される。しかし，満水量は 12 だから，これでは

$$\frac{45}{2} - 12 = \frac{45-24}{2} = \frac{21}{2}$$

多く注水してしまう。この量をもとに，C管だけで注水した時間を求めればよい。

A管とB管を同時に使ったときと，C管だけを使ったときの1分間の注水量の差は

$$\frac{3}{2} - \frac{1}{3} = \frac{9-2}{6} = \frac{7}{6}$$

である。余分の注水量 $\frac{21}{2}$ をこれで置き換えるには

$$\frac{21}{2} \div \frac{7}{6} = \frac{21}{2} \times \frac{6}{7} = 9 \text{ 分}$$

かかる。C管だけで注水したのが9分間なので，C管を使い始めたのは6分後とわかる。

答　6分後

解説 10-2

満水量を1とみなすと，各管の1分間の注水量は

A管が $\frac{1}{12}$，B管が $\frac{1}{24}$，C管が $\frac{1}{36}$

と表せる。

したがって，A管とB管を同時に使ったときの1分間の注水量は

$$\frac{1}{12} + \frac{1}{24} = \frac{2+1}{24} = \frac{3}{24} = \frac{1}{8}$$

である。A管とB管で15分間注水すると，注水量は

$$\frac{1}{8} \times 15 = \frac{15}{8}$$

となる。満水量は1であるから、これでは

$$\frac{15}{8} - 1 = \frac{15-8}{8} = \frac{7}{8}$$

多く注水してしまう。この量をC管で調整すればよい。

A管とB管を同時に使ったときとC管だけを使ったときの注水量の差は、1分間あたり

$$\frac{1}{8} - \frac{1}{36} = \frac{9-2}{72} = \frac{7}{72}$$

である。余分の注水量 $\frac{7}{8}$ を $\frac{7}{72}$ で置き換えるには

$$\frac{7}{8} \div \frac{7}{72} = \frac{7}{8} \times \frac{72}{7} = 9 \text{ 分}$$

かかる。

答　6分後

解説 10-3

A管、B管、C管で満水にできる時間12分、24分、36分を利用して、満水量を最小公倍数の考え方を用いて表す。

12、24、36の最小公倍数は72である。

　　12の倍数：12、24、36、48、60、72、…

　　24の倍数：24、48、72、96、…

　　36の倍数：36、72、108、…

この72を満水量とみなして、各管の1分あたりの注水量を求めると

A管：$72 \div 12 = 6$

B管：$72 \div 24 = 3$

C管：$72 \div 36 = 2$

と表せる。したがって，A管とB管を同時に使うときの1分間の注水量は

$$6 + 3 = 9$$

である。

したがって，1分間の注水量が9のA+B管と，注水量が2のC管を使って，15分間で満水にするためのA+B管の使用時間を求めればよい。これを鶴亀算とみなせば，次の面積図が描ける。

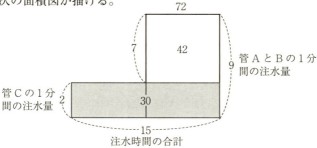

満水量は72であるから，A管とB管で注水した時間は

$$72 - (2 \times 15) = 42$$

$$42 \div 7 = 6 \text{ 分}$$

と求まる。

答　6分後

翻訳メソッド 11 基準量を数値化する④

前問は，注水量が異なる複数の管を使う問題を扱いました。今度は，注水と排水を同時におこなった場合の問題を考えてみましょう。すなわち，一方である作業をし，他方でその逆の作業をおこなう仕事算です。このような仕事算を**ニュートン算**と呼んでいます。

[注] ニュートン算の名前の由来は，翻訳メソッド 12 を参照してください。

【問 11】注水と排水

水槽に A 管，B 管，C 管の 3 本の管がついています。A 管と B 管は注水用，C 管は排水用です。この水槽を満水にするには，A 管のみでは 10 分，B 管のみでは 15 分かかります。また，この水槽が満水のとき C 管で水を抜くと，空にするのに 5 分かかります。

いま，この水槽が満水の状態から，A 管と B 管で同時に水を注ぎながら，C 管で排水し始めました。水槽が空になるのは何分後でしょうか。

見方・考え方

問題で要求されているのは，排水完了となる時間です。

これを求めるためには、水槽の満水量や各管の1分間の注水量あるいは排水量を決める必要があります。この決め方はこれまでの仕事算と変わりありません。

解説 11-1

満水量を1とみなして、各管の注水量・排水量を決める。A管は10分で水槽を満水にするので、A管の1分間の注水量は$\frac{1}{10}$、B管は15分で満水にするので、B管の1分間の注水量は$\frac{1}{15}$と表せる。また、C管は満水量1を5分で排水し終わるので、C管の1分間の排水量は$\frac{1}{5}$と表せる。

したがって、A管とB管で同時に注水し、C管で排水するとき、1分間で排水される量は

$$\frac{1}{5} - \left(\frac{1}{10} + \frac{1}{15}\right) = \frac{6}{30} - \left(\frac{3}{30} + \frac{2}{30}\right) = \frac{1}{30}$$

である。よって、水槽が空になるのに要する時間は

$$1 \div \frac{1}{30} = 30 \text{ 分}$$

と求められる。

答　30分

満水量を，A 管と B 管の注水時間の 10 と 15 の最小公倍数である 30 とみなすと，それぞれの 1 分間の注水量は

$$A 管は \quad 30 \div 10 = 3$$

$$B 管は \quad 30 \div 15 = 2$$

と表せる。また，C 管は満水量 30 を 5 分で排水するから，C 管の 1 分間の排水量は

$$30 \div 5 = 6$$

である。

したがって，A 管と B 管で注水し，同時に C 管で排水すると，1 分間の排水量は

$$6 - (3 + 2) = 1$$

である。

よって，満水量 30 の状態から，A，B，C 管を同時に使うと，1 分間に 1 だけ排水されるので，水槽が空になるまでに要する時間は

$$30 \div 1 = 30 分$$

である。

答　30 分

第1章 | 文章題

翻訳メソッド 12　基準量を数値化する⑤

　前問では，一方で作業をし，他方でその逆の作業をするニュートン算を紹介しました。ニュートン算は別名**牧草算**とも呼ばれています。

　牧草地には毎日新しい牧草が生えますが，他方で牛は毎日牧草を食べて減らしていきます。このような牧草地での放牧可能な頭数は牧草の生える量や牛が牧草を食べる量によって決まってきます。この関係を吟味する問題が，ニュートンの著書の中に「牧牛の問題」として提示されていたことから，ニュートン算と呼ばれたようです。

【問12】牧草算

　ある牧場で125頭の牛を放牧したところ，8日で牧草が食べつくされてしまいました。また，103頭の牛を放牧したところ，10日で牧草が食べつくされてしまいました。では，70頭の牛を放牧した場合には，何日で牧草を食べつくすでしょうか。

　ただし，牧草は毎日一定の割合で増え続け，1頭の牛の牧草の消費量は毎日一定とします。

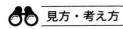

見方・考え方

牧草算は仕事算と同種の問題ですから，基準となる量を決め，それをもとに内容を翻訳していきます。ここでは，牛1頭が1日に食べる牧草の量を1とみなして考えてみましょう。

解説 12

牛1頭が1日に食べる牧草の量を1とみなすと，125頭の牛が8日で食べた牧草の総量は

$$1 \times 125 \times 8 = 1000 \quad \cdots ①$$

である。これは，放牧前に生えていた草の量と，8日間で生えてきた牧草の量の合計に等しい。これを図示すると次のように表せる。

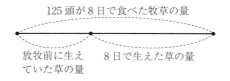

同様に，103頭の牛が10日で食べた牧草の総量は

$$1 \times 103 \times 10 = 1030 \quad \cdots ②$$

であり，図示すると次のようになる。

第1章 文章題

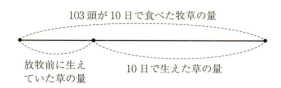

②−①で得られる値は，10−8=2日で生えてきた牧草の量である。したがって，牧草地に1日で生える牧草の量は，

$$(1030 - 1000) \div (10 - 8) = 15$$

である。また，放牧前の牧草の量は

$$1000 - 15 \times 8 = 880 \quad \cdots (※)$$

である。

では，牛70頭を放牧したときを考えよう。牛1頭が1日に食べる量が1だから，牛70頭が1日に食べる牧草の量は

$$1 \times 70 = 70$$

である。この量を新たに生えてくる牧草だけで賄うとすれば，1日あたり

$$70 - 15 = 55$$

不足する。70頭を飼育するには，この毎日の不足量を放牧前に生えていた牧草の量で賄わなければならない。放牧前に生えていた牧草が食べつくされるのに要する日数は

$$880 \div 55 = 16 \text{ 日}$$

である。

<u>　答　16 日　</u>

[注]　1）70 頭を放牧したとき，上の解説では新たに生えてくる牧草だけで議論をし，足りない分を最初に生えていた牧草の量で賄うという，現実からちょっとかけはなれた視点から分析して解決しました。これも「みなす」とする考え方と同じです。

2）上の解説での（※）印の 880 は，②から次のように求めても変わりありません。

$$1030 － 15 × 10 ＝ 880$$

翻訳メソッド 13 定義を復元する①

　これまでは，文章で表された制限を自分で理解できる言葉に言い換えることで，問題を解決してきました。しかし，問題の中にはそのような翻訳がむずかしいものもあります。たとえば，受験でおなじみの「偏差値」や物理学に登場する「速さ」などの言葉は，日常語に言い換えることはできません。これらの数学の言葉はその内容を定義して使っているからです。

　算数レベルでよく使われるのが，距離，時間，速さの関係で，これらの言葉は次のように定められて使われています。

$$距離 \div 時間 = 速さ$$

$$速さ \times 時間 = 距離$$

$$距離 \div 速さ = 時間$$

　これらの言葉の関係性から，たとえば，距離は速さと時間という別の言葉で言い換えられることを示しています。

【問 13】速さ,時間,距離(Ⅰ)

1 周 1.8 km の池の周りを,翔太君と雄太君が歩いています。2 人が同じ場所から同時に出発し,同じ方向に進むと,翔太君は雄太君に 50 分後に追いつきます。また,互いに反対方向に進むと,15 分後に出会います。雄太君の歩く速さは分速何メートルですか。

見方・考え方

この問題には解決すべき箇所が 2 つあります。一つは 2 人が同時に動くことをどう処理するかであり、もう一つは距離・速さ・時間という日常語とは異なる術語(数学用語,学術用語)の翻訳の仕方です。

まず,「同時に出発して同じ方向に動くと 50 分で追いつく」の読み換えを考えてみましょう。この内容の分析のためによく使われる方法に,「2 変数は一方を固定せよ」という考え方があります。そこで,この方法に従って読み換えてみましょう。2 人の歩く速さは明らかに翔太君のほうが速いことがわかるので,周回路では雄太君をスタートラインに固定しておき,翔太君だけを動かしてみるのです。この状況で「翔太君が雄太君に追いつくとは」と考えてみると,翔太君は 1 周分動いてスタートラインについたとき追いつくことになります。

2 人が同時に動いて追いつくとは,2 人の距離の縮み方で表現すれば,2 人の距離 1.8 km が 0 km となったとい

うことです。そして，それにかかった時間が50分ということです。したがって

(翔太君の速さ) − (雄太君の速さ) = 1800 ÷ 50

が成り立ちます。

2人が出会うときも，同様の考え方で，適切な翻訳をしてみましょう。

🎓 解説 13

2人が同じ方向に進むとき，50分後に翔太君は雄太君に追いつくので，2人の速さの差は

(翔太君の速さ) − (雄太君の速さ) = 1800 ÷ 50 = 36 m/分

である。また，2人が反対方向に進むと15分で出会うから，2人の速さの和は

(翔太君の速さ) + (雄太君の速さ) = 1800 ÷ 15 = 120 m/分

である。これら2つの式から

(雄太君の速さ) = (120 − 36) ÷ 2 = 42 m/分

答　分速 42 m

[注]　1) 物理量どうしを足したり引いたりするとき，それらの単位が統一されていなければなりません（単位の異なる物理量どうしを足し引きすることはできません）。単位を統一する際には，最終的に求めたい量の単位を意識するとよいでしょう。この問題では，「分速何メートル」かを問

われているので,時間の単位を「分」,距離の単位を「メートル」に統一しました。

2) 和と差の条件から個々の量を求める問題を**和差算**と呼んでいます。大小2つの数の和と差が

$$(大)+(小)=和,\quad (大)-(小)=差$$

で表されているとき,(小)と(大)はそれぞれ

$$(小)=(和-差)\div 2,\quad (大)=(和+差)\div 2$$

で求まります。これを**和差算の公式**といいます。上の解説では左側の公式を使いました。

3) 同じ方向に進んで追いつくような問題を**追い越し算**,反対の方向に進んで出会うような問題を**出会い算**といい,これらを総称して**旅人算**といいます。

翻訳メソッド 14 定義を復元する②

距離についての問題をもう1問見てみましょう。ここでも、用語の定義である公式

$$距離 = 速さ \times 時間$$

をもとに、内容を翻訳していきます。

【問14】速さ,時間,距離(II)

翔太君は右図のような丘を登りました。

A地点を出発し、B地点を通って丘の頂上のC地点に到着し、同じ道を通ってA地点に戻りました。
翔太君の歩く速さは、平地であるAB間では時速3 km、BC間の上りは時速2.4 km、下りは時速3.6 kmでした。行きは1時間20分、帰りは1時間かかりました。

AB間の距離は何kmですか。

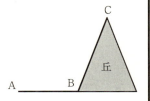

見方・考え方

内容を図で整理してみましょう。

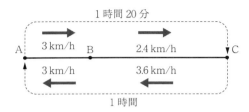

この図を参考にすると、与えられているのは、

　ア　行きと帰りの所要時間

　イ　上り、下りおよび平地での速さ

の2つの点です。

所要時間については、行きと帰りで20分の違いがありました。平地であるAB間の所要時間は行きも帰りも変わりません。したがって、行きと帰りの所要時間の差（20分）は、BC間の上りと下りの速さの違いに起因します。

上りと下りの速さはそれぞれ、以下のように表されます。

$$BC間の上りの速さ = \frac{BCの距離}{上りの所要時間}$$

$$BC間の下りの速さ = \frac{BCの距離}{下りの所要時間}$$

この2式の右辺の分子は同じ値です。したがって、上りと下りの速さの比は、所要時間の比に翻訳できます。

（上りの速さ）：（下りの速さ）

　　　　＝（下りの所要時間）：（上りの所要時間）

これと所要時間の差の20分から、上りか下りのいずれ

かの所要時間を求められます。

 **解説14**

上りと下りの速さの比は

(上りの速さ):(下りの速さ) = 2.4 : 3.6 = 2 : 3

と表せるから，上りと下りの所要時間の比は

(上りの所要時間):(下りの所要時間) = 3 : 2

である。

行きは帰りより20分多くかかっている。この差は，坂道のBC間で生じたものである。ここで，BC間の下りの所要時間をx分とすると，上りの所要時間は$(x+20)$分と表せるから

$$(x+20) : x = 3 : 2$$

$$2x + 40 = 3x$$

$$x = 40$$

よって，CからBへ下るのにかかった時間は40分である。

帰りの所要時間は1時間であるから，AB間は$60 - 40 = 20$分で歩いたことになる。以上より，AB間の距離は，時速3kmで20分歩いた距離に等しい。

$$3\,\text{km/時} \times 20\,\text{分} = 3\,\text{km/時} \times \frac{1}{3}\,\text{時間} = 1\,\text{km}$$

答　1 km

第 2 章
規則性の問題

　翻訳力を構成する力には「文章または式を言い換える力」があります。数の並びから，ある特定の番号の数を知るとき，その並び方の規則を発見し，その下で全体を読み換えて解決していく問題です。ここでは，規則の発見法とともに，その活用で，おもしろさを提示しました。

翻訳メソッド 15 並んでいる数の特徴を見直す

　本論に入る前に，少し変わった問題を紹介しましょう。昭和 40 年代，東京のある有名な幼稚園の入園テストに出たというウワサのあった「数当て」の問題です（実際には，口頭で出題されたのだと思います）。

　　　　　次の四角に当てはまる数をいいなさい。
　　　　　1，3，4，☐，8，10，12

　みなさんはこの問題に答えられますか。正解は「6」だそうです。上の数の列は，昭和 40 年代の東京地方のテレビのチャンネルを並べたものでした。

　当時のテレビのチャンネルはダイヤル式でした。子どもたちにとってこのチャンネルの並びは，ダイヤルを右に回すか左に回すかを判断するうえでたいへん重要なものだったのです。したがってこの数の並びには，特別な規則を見いだすことはできません。規則が定まっていない以上，東京圏以外でテレビを見ている人には，正解を聞いても納得できるものではないでしょう。

　余談はこのくらいにして，算数の「数当てゲーム」では，数の並び方になんらかの規則を見いだすことが目標になります。問題の本質は，答えを見つけることよりも，並べられている数の列に隠されている規則を発見することにあるのです。

【問 15】規則の発見

次の問いに答えなさい。

(1) 2 と -2 の 2 つの数が交互に 100 個並んでいます。
    2, -2, 2, -2, 2, -2, 2, -2, 2, …
この 100 個の数の合計はいくつになりますか。

(2) 3 と 1 と -2 の 3 つの数が順番に 100 個並んでいます。
    3, 1, -2, 3, 1, -2, 3, 1, -2, …
この 100 個の数の合計はいくつになりますか。

見方・考え方

　実際に 100 個の数を順次加えていくのは煩わしい作業です。このようなときにまず考えるのは，並んでいる一つずつの数に特徴がないか，並んでいる数の並び方に特徴がないかなどの観点から考察してみるのです。(1), (2) ともに，それで全体を見直すことが規則の発見の第一手です。

(1) この数の列に対しては，2 通りの見方が可能です。
　一つは，2 つの数がそれぞれいくつずつ含まれるかを数え上げる方法です。この場合，数の列の説明は次のように翻訳されます。
　　　「2 が 50 個と，-2 が 50 個ある」

もう一つは，「2と-2」を1セットとみなし，数の列にこのセットがいくつ含まれるかを数える方法です。この場合，数の列は次のように翻訳されます。

　　　　　「2と-2のセットが50個ある」

(2) (1)と同様に2通りの翻訳が可能です。

解説 15-1

(1) この数の列には2が50個，-2が50個含まれる。したがって，100個の数の合計は

$$2 \times 50 + (-2) \times 50 = 0$$

である。

答　0

(2) この数の列に3と1と-2がそれぞれいくつ含まれるかを考える。

$$100 \div 3 = 33 \quad 余り 1$$

なので，この数の列では「3, 1, -2」が33回繰り返され，最後に3が並んでいるはずである。したがって，「3は34個，1は33個，-2は33個」含まれる。100個の数の合計は

$$3 \times 34 + 1 \times 33 + (-2) \times 33 = 69$$

である。

答　69

解説 15-2

(1) この数の列は「2, −2」というセットが 50 個並んだものとみなせる。1 つのセットの合計は

$$2 + (-2) = 0$$

である。合計が 0 のセットがいくつあっても、その合計は 0 にしかならない。

<u>答　0</u>

(2) この数の列は「3, 1, −2」のセットの繰り返しとみなせる。このセットの個数は

$$100 \div 3 = 33 \quad 余り \ 1$$

より、完全なセットは 33 個でき、セットがつくれずに余る数があることがわかる。セット 1 つ分の合計は

$$3 + 1 + (-2) = 2$$

なので、数の列の合計は

$$2 \times 33 + 3 = 69$$

である。

<u>答　69</u>

［注］(1) も (2) も並んでいる数の個数が明らかなので、数の列を要素に分けて要素ごとに数えることができます。もし全体の個数が明らかでなければ、ここに示した考え方は適用できません。

翻訳メソッド 16 順番の数に注目して位置を探る

規則を見つけて要求されている数を発見する問題をもう1問見てみましょう。規則の発見は少し難しいかもしれませんが,挑戦してみてください。

【問 16】規則の発見

右の表は,1から12までの数を用いて,ある規則の下で配置したものです。この配置の規則から,表のAとBに適切と思われる数を決めなさい。

7	8	6	7	5
A	2	3	1	6
8	4	3	5	4
10	9	B	10	12

見方・考え方

規則を発見するために,まず考えることは縦,横の和が同じになる〈表1〉のような魔法陣を思い浮かべるかもしれませんが,ここではこれは成り立ちません。

そこで問題の表で使われている数を確認すると,表は1~12の数で構成され

8	1	6
3	5	7
4	9	2

〈表1〉魔法陣

ている と 定められていま
す。最小の数 1 から始め
て，規則性を意識して自
然数 1，2，…を 1 つずつ
ピックアップしてみる
と，〈表 2〉のように，
自然数 1，2，…，10 が 1
つ飛びに反時計回りに並
んでいることが発見でき
ます。

7		6		5
	2		1	
8		3		4
	9		10	

〈表 2〉自然数 1，2，…をピックアップしていく

さらに，いまピック
アップした 1 〜 10 の数
を取り除くと，〈表 3〉
のように，3，4，5，6，7，
8，A，10，B，12 と，
反時計回りに 1 つ飛びに
並んでいることが見えてきます。

	8		7	
A		3		6
	4		5	
10		B		12

〈表 3〉表 2 でピックアップした 1 〜 10 を取り除く

これがこの表の規則です。

🎓 解説 16

1，2，3 を順に探すと，〈表 2〉のように 1 から 2，2 から 3 は左に 1 つ飛びに並んでいる。3 から 4 もマス目でいうと 1 つ飛びになっている。1 から 10 は

$1 \to 2 \to 3 \to 4 \to 5 \to 6 \to 7 \to 8 \to 9 \to 10$

と反時計回りに 1 つ飛びに並んでいるとみなされる。

このとき，1 から 2 の間の数 3 は 3＝1＋2，2 から 3 の

間の 4 もやはり 4 = 2 + 2 と 2 プラスされている。ほかも同様である。

よって，A = 7 + 2 = 9，B = 9 + 2 = 11 とするのが妥当である。

7	8	6	7	5
9	2	3	1	6
8	4	3	5	4
10	9	11	10	12

<u>答　A = 9，B = 11</u>

第2章 規則性の問題

翻訳メソッド 17 何が要素かを分析する①

規則を見つけて解く問題でポピュラーなのはマッチ棒を使った問題です。さっそく見てみましょう。

【問17】マッチ棒の本数（Ⅰ）

下図のように，マッチ棒を使って図形をつくっていくことを考えましょう。10番目の図形をつくるには，何本のマッチ棒が必要ですか。

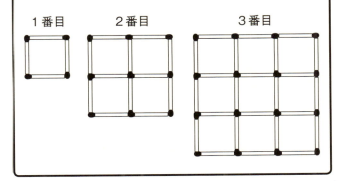

見方・考え方

1番目の図形に使われているマッチ棒は4本で，これをもとに，増えていく正方形の個数に注目してマッチ棒の本数を数えようとするかもしれませんが，2番目の正方形を

見ればわかるように、隣の正方形と重複して使われているマッチ棒が多数あるので、これを避けて数えるのは難しそうです。したがって、正方形の個数の増え方に着目するのは、適切な方法ではありません。

そこで別な数え方を探してみましょう。

まず、1本のマッチ棒の置き方は縦か横のいずれかです。したがって、縦に置かれたマッチ棒の数と横に置かれたマッチ棒の数を合計すれば、マッチ棒の総数がわかります。

1番目の図形で横に置かれているマッチ棒は〈**図1**〉のように2本です。

〈**図1**〉1番目の図形

このとき、縦に置かれているマッチ棒も2本です。いま考えている図形を90°回転しても変化しないことから、縦に置かれているマッチ棒と横に置かれているマッチ棒の数が等しいのは〈**図2**〉のように明らかです。この分析から、横のマッチ棒と縦のマッチ棒の数が等しいという性質は、何番目の図形においても成り立ちます。

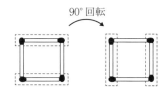

〈**図2**〉1番目の図形の縦と横のマッチ棒の数は等しい

第2章 規則性の問題

2番目の図形では、〈図3〉のように横に置かれたマッチ棒は、

上に2本、中に2本、下に2本

の3段で計6本使われています。したがって、縦に置かれたマッチ棒も6本です。

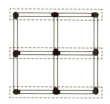 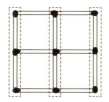

〈図3〉2番目の図形

よって、2番目の図形をつくるのに必要なマッチ棒の数は12本です。

3番目の図形で横に置かれたマッチ棒は

上に3本、2段目に3本、3段目に3本、下に3本

の4段で計12本です。したがって、3番目の図形をつくるのに必要なマッチ棒の数は24本とわかります。

これで数え方の規則は見えました。

解説 17

10番目の正方形では、横に置くマッチ棒は11段に10本ずつなので、

10本 × 11段 = 110本

89

である。縦に置くマッチ棒も同じだけあるので，10番目の図形をつくるのに必要なマッチ棒の数は

$$110 \times 2 = 220 \text{ 本}$$

である。

<u>答　220 本</u>

第2章 | 規則性の問題

翻訳メソッド 18 何が要素かを分析する②

　マッチ棒を使ったクイズをもう1問見てみましょう。前問では，1本のマッチ棒の置き方（縦か横か）に注目することで，図形全体で使われるマッチ棒の本数の数え方を見つけました。本問では，「どのように繰り返し図形を描いていけばよいか」に対する分析が見方・考え方に述べられています。

【問 18】マッチ棒の本数（Ⅱ）

　マッチ棒を3本使って正三角形をつくり，それと同じ正三角形を下図の2段目，3段目のように付け加えていくと，大きな正三角形がつくれます。10段からなる大きな正三角形をつくるには，マッチ棒は何本必要ですか。

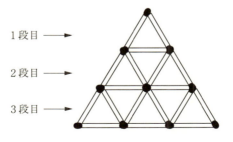

1段目 →
2段目 →
3段目 →

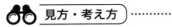 **見方・考え方**

1段目の小さな正三角形をつくるには，マッチ棒は3本必要です。

2段からなる正三角形はどうでしょうか。

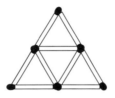

この中に，基準となる小さな正三角形は4つ（1段目に1つ，2段目に3つ）あります。ではマッチ棒は3×4＝12本かというと，そうではありません（正しくは9本）。真ん中の小さな正三角形が周りの小さな正三角形と辺を共有しているためです。このことは，下図のように1段目と2段目を離してみるとわかりやすくなります。

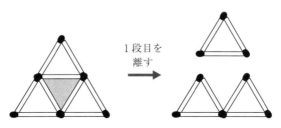

2段からなる図形は,1段目の正三角形の下に2個の正三角形を加えたものとみなせます。さらに,3段の図形は,2段の図形の下に3個の正三角形(下図)を加えたものです。

このことは,4段以上ある大きな図形でも成り立っています。すなわち,1つ段を増やすには,その段の番号に等しい数の小さな正三角形を増やせばよいのです。

したがって,10段からなる大きな正三角形をつくるには,9段の大きな正三角形に,10段目として10個の小さな正三角形を加えればよいことがわかります。このときの小さな正三角形の個数は

$$1+2+3+4+5+6+7+8+9+10 \text{ (個)} \cdots (※)$$

となります。

求めたいマッチ棒の数は,これを3倍すれば得られます。

ところで,(※)式のような,等間隔に並んだ自然数の和の計算には,簡単な方法があります。ポイントは,数の列の最初の数と最後の数の和が,2番目の数と後ろから2番目の数の和や,3番目の数と後ろから3番目の数の和に等しい,という性質です。(※)式で具体的に見てみましょう。

$$1+2+3+4+5+6+7+8+9+10$$
$$=(1+10)+(2+9)+(3+8)+(4+7)+(5+6)$$
$$=11 \times 5 = 55$$

3本のマッチ棒でできる正三角形を基準の三角形として
　　1段の三角形は基準の三角形が1個
　　2段の三角形は基準の三角形が1＋2個
　　3段の三角形は基準の三角形が1＋2＋3個
でつくられている。

　このように基準の三角形の個数を数えると，10段の三角形では基準の三角形が

$$1+2+3+4+5+6+7+8+9+10 \text{（個）}$$

ある。この和は

$$1+2+3+4+5+6+7+8+9+10$$
$$=(1+10)+(2+9)+(3+8)+(4+7)+(5+6)$$
$$=11\times 5=55 \quad \cdots ①$$

となる。必要なマッチ棒の数はこの3倍なので

$$55\times 3=165$$

である。

<u>　答　165本</u>

[注] 連続した自然数の和を①式のようにして求める計算方法を，中学進学塾では**ガウス計算**と呼んでいるようです。規則性の問題では，しばしばこのガウス計算が登場します。

コラム

ガウス計算とは

　ガウスとはドイツが生んだ19世紀最大の数学者の名前です。彼は，数学，天文学，物理学など広範囲にわたる研究をおこない，さまざまな新しい理論を構築しました。ドイツ紙幣に肖像が使われたほどの人です。彼は子どものころから神童ぶりを発揮していた，と伝えられています。ガウス計算の方法を見つけたのも，小学生のときだそうです。

　小学生のガウスが問題を次から次へと解いてしまうので，先生は彼を困らせてやろうと，「1から100までの数をすべて足すといくらになるか」という問題を出しました。この問題なら少しは時間がかかるだろうと思われましたが，ガウスはあっという間に解いてしまったそうです。

　そのときガウスは，1, 2, 3, …, 98, 99, 100の100個の数から，足すと101になる2つの数のペア（1と100, 2と99, ……）を50個つくれることに気がつきました。したがって，この計算の答えは101×50で得られる，と考えたのです。

　いちど解説されてしまえば，簡単なことに思えるかもしれません。しかし，この計算方法を自力で考えついたガウスは，やはり神童だったのでしょう。

　ちなみに，ガウス計算は次のように見ることもできます。

　1から100までの自然数の和をSとおくと，

　　$S = 1 + 2 + 3 + \cdots + 98 + 99 + 100$

である。この式を次のように表しても同じものである。

$$S = 100 + 99 + 98 + \cdots + 3 + 2 + 1$$

そこでこの 2 式を辺々加えると

$$2S = 101 + 101 + \cdots + 101 = 101 \times 100$$

となる。したがって,

$$S = 101 \times 100 \div 2 = 101 \times 50 = 5050$$

となる。

上の内容を言葉で表現すると

和 =（最初の数 + 最後の数）× 数の個数 ÷ 2

となる。

第2章 | 規則性の問題

翻訳メソッド 19 実験から規則をつかむ

前問は正三角形を使って，順次大きな正三角形状に積み上げていく問題でした。ここでは半径の同じ円を正三角形状に積み上げていく問題を見てみましょう。積み上げたときに接している円の個数に関する問題です。

【問 19】外接する円の個数

同じ大きさの円を下図のように積み重ねていきます。このとき，それぞれの円の中には，その円が接する円の個数を書いていきます。

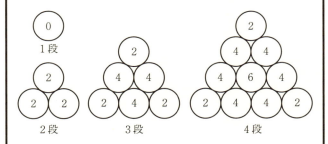

段を増やしていくと，あるところで「4」と書かれた円が 87 個になりました。このとき，「6」と書かれた円は何個あるでしょうか。

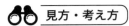見方・考え方

　最初に考えなければならないことは,「6」の円がどのようにして現れるか,です。その分析のために,円を積み上げていったときに記入される数がいかに変化していくかを,具体的に調べる必要があります。

　各段の円を左から A,B,C,……と呼び,段数を添え字で表すことにしましょう。たとえば,1段目の円は「A_1」,2段目の円は左から「A_2」「B_2」と呼ぶことになります(〈**図1**〉)。

〈図1〉2段のときに現れる数

　全体が1段のとき,A_1 に書かれる数字は「0」です。

　2段に積むと,A_1 は A_2 および B_2 と接するので,書かれる数字は「2」に変化します。また,2段目の A_2 は A_1 および B_2 と,B_2 は A_1 および A_2 と接するので,これらはともに「2」の円になります。

　3段に積んだとき,影響を受ける円は,〈**図2**〉のように2段目と3段目だけで,A_2,B_2,B_3 は「4」となり,A_3,C_3 は「2」となります。

第2章 規則性の問題

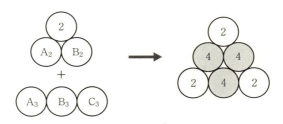

〈図2〉3段のときに現れる数

 4段に積んだとき,数字が変化するのは3段目で,1〜2段目の円の数字に変化はありません。3段目の A_3 と C_3 の下には2つの円が加わるので,これらの数字は「2」から「4」に変わります。また,B_3 の下にも2つの円が加わり,数字は「4」から「6」に変わります。新たに加わった4段目については,両端の A_4 と D_4 が「2」で,それ以外の B_4 と C_4 が「4」です。

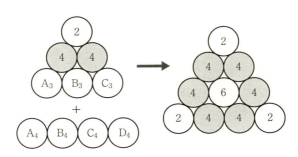

〈図3〉4段のときに現れる数

 5段についても調べてみましょう。このとき,1〜3段

99

目の円の数字に変化はありません。変化するのは4段目です。4段目の A_4 〜 D_4 の下にはそれぞれ2個ずつ新たな円が加わるので，書き込まれる数字は「2」から「4」，あるいは「4」から「6」に変化します。5段目の円の数字は，両端の A_5 と E_5 は「2」，それ以外の B_5，C_5，D_5 は「4」です。したがって，〈**図4**〉のようになります。

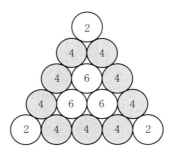

〈**図4**〉「4」と「6」の現れ方

このように，1段ずつ下に加えていくと考えると，数字の変化が整理できます。まず，2段以上になったとき，1段目と最下段の両端の3つの円は必ず「2」の円です。また，3段以上になったとき，いちばん外側に並ぶ円のうち，必ず「2」になる3つ以外はすべて「4」になります。そして，以上に述べた「2」と「4」の円を除くすべての円が「6」になります。

この規則性に着目して解答をまとめてみましょう。

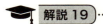

　積み上げ方から，円は正三角形状に並ぶ。このとき，各頂点にある円は「2」の円で，2つの頂点の間にある辺上の円は「4」の円である。

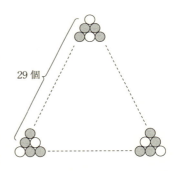

　「6」の円は 4 段以上積み上げたとき現れ，正三角形の辺上を除く内部の円はすべて「6」の円で，これらは隙間なく正三角形状に並ぶ。

　「4」の円は辺上にのみ現れるのだから，「4」の円が 87 個現れるのは，各辺上に

$$87 \div 3 = 29 \text{ 個}$$

並んでいるときである。このとき，全体の段数は辺上の両端にある頂点になっている2つの円を加えて

$$29 + 2 = 31 \text{ 段}$$

あるので，「6」の円の段数は

$$31 - (2 + 1) = 28 \text{ 段}$$

ある。

　したがって，「6」の円の数は

$$1 + 2 + \cdots + 27 + 28$$

$$= (1+28) + (2+27) + \cdots + (14+15)$$

$$= 29 \times 14 = 406 \text{ 個}$$

である。

<u>答　406 個</u>

[注] ガウス計算のような計算法は，江戸時代の算術書でも紹介されており，そこでは**俵算**と呼ばれていました。

📐コラム

電卓より速い暗算

連続した 10 個の自然数の和を計算するには，次のような方法もあります。

「連続した 10 個の自然数の和は，5 番目の数を 10 倍して 5 を加えた値に等しい」

1 つ例を示しておきましょう。1956 から 1965 までの 10 個の自然数の和は，5 番目の数（＝1960）を 10 倍して（＝19600），これに 5 を加えた値（＝19605）に等しいのです。

どうでしょう。電卓計算よりも速いでしょう！

なぜこのような計算が成り立つのか，種明かしをしましょう。連続する 10 個の自然数は，最初の数を $a+1$ とすれば，それぞれ

$a+1$, $a+2$, $a+3$, $a+4$, $a+5$, $a+6$, $a+7$, $a+8$, $a+9$, $a+10$

と表せます。この 10 個の数の和を式で表すと

$$(a+1)+(a+2)+\cdots+(a+10)$$

$$=10a+(1+2+\cdots+10)$$

$$=10a+55=10a+50+5=(a+5)\times 10+5$$

と変形できます。ここに出てきた $(a+5)$ は 5 番目の数に等しいので，上のような計算が可能になるのです。

この計算方法が適用できるのは，あくまでも「連続する 10 個の自然数の和」を求めるときだけです。念のため!!

翻訳メソッド 20 順番を表す数との関係を調べる①

ここからは，数の並び方に潜んでいる規則を発見し，その下で適切な数を見つけていく問題を見ていきましょう。このような問題では，数の列を構成している各数を，順番の数を通して見直すことで，規則が見えてくる場合が少なくありません。

【問20】数当てクイズ（I）

次の（1）と（2）は，それぞれある規則に従って数を並べたものです。□に入る数はなんでしょうか。

(1)　1, 4, 9, 16, 25, □, 49, …

(2)　3, 12, 27, 48, 75, □, 147, …

[注] 1)「ある規則に従って並べられた数の列」を数学用語では**数列**といい，構成している個々の数を**項**といいます。
2) 列の最後に記述されている記号「…」は，それ以降も同様の規則で数が並び続けることを表します。

見方・考え方

数列に潜む規則を見つけるには，「各項の数とその順番

第2章｜規則性の問題

の数の2つを関係づける」ことができないか，を考えてみるのもひとつの手です。このとき，下のような3行の表に整理することで，「順番の数」と数列の「項」との関係，すなわちそこに隠れている規則を発見しやすくなることがあります。

順番の数	1	2	…
与えられた数列	1	3	…
規則	…	…	…

たとえば，

1，3，5，7，9，11，□，15，…

という数列の規則を探る表は，次の①～③の順で調べていけばよいでしょう。

① 1行目には，左から順に順番（1，2，3，…）を示す数を記入する。
② 2行目には，1行目に書き込んだ順番に対応する数列の各項（左から1，3，5，…）を記入する。
③ 3行目には，1行目の数字と2行目の数字の間にある規則を探る。

③の規則を探すとき，1番目の項は後回しにし，2番目以降の項に当てはまる規則を探して，それが1番目の項にも当てはまるかを確認します。

順番の数	1	2	3	4	5	…
与えられた数列	1	3	5	7	9	…
規則	1×2−1	2×2−1	3×2−1	4×2−1	5×2−1	…

105

このように表をつくることで,与えられた数列の項が,順番の数を通して表現され,規則が発見しやすくなる場合もあります。

なお,(2)の数列は左から順に

3×1, 3×4, 3×9, 3×16, 3×25, ☐, 3×49, …

となっており,各項が(1)の数列の各項を3倍したものに等しいことがわかります。

🎓 解説20

(1) 与えられた数列

1, 4, 9, 16, 25, ☐, 49, …

に対して,次の表をつくって分析する。

順番	1	2	3	4	5	6	7	…
数列	1	4	9	16	25		49	…
規則	1×1	2×2	3×3	4×4	5×5		7×7	…

この表から,数列の各項が

(順番の数)×(順番の数)

となっていることがわかる。したがって,数列の6番目の数は

$$6\times6=36$$

である。

答 36

[注] 指数を知っている人は，この数列から
$$1^2,\ 2^2,\ 3^2,\ 4^2,\ 5^2,\ 6^2,\ 7^2,\ \cdots$$
であることを見抜き，各項が順番の数 n の 2 乗であるという規則を発見したかもしれません。これも，順番の数と数列の項との関係を見抜いたことに変わりはありません。

(2) 与えられた数列

$$3,\ 12,\ 27,\ 48,\ 75,\ \boxed{},\ 147,\ \cdots$$

に対して，次の表をつくる。

順番	1	2	3	4	5	6	7	⋯
数列	3	12	27	48	75		147	⋯
規則	3×1	3×4	3×9	3×16	3×25	3×36	3×49	⋯

この数列の各項は，(1) の数列の各項に 3 をかけることで得られる。したがって，この数列の 6 番目の数は

$$3 \times 36 = 108$$

である。

<u>答　108</u>

[注] もちろん，指数を使えば (2) の数列は次のように表現できます。
$$3\cdot 1^2,\ 3\cdot 2^2,\ 3\cdot 3^2,\ 3\cdot 4^2,\ 3\cdot 5^2,\ 3\cdot 6^2,\ 3\cdot 7^2,\ \cdots$$
なお，上で使っている記号「・」は「×（かける）」と同じ意味です。数どうしの積では頻繁に使われる記号です。

翻訳メソッド 21　隣り合う項の関係を調べる

　数列の欠けている項を発見する問題をもう1問考えてみましょう。前問では，数列の1つの項に着目し，これと順番の数との関係を調べることで解決しました。ここでは，1つの項ではなく，「隣り合った2つの項の関係を調べる」ことで数列全体の規則を発見してみましょう。

【問21】数当てクイズ（Ⅱ）

　次の（1）〜（4）は，それぞれある規則に従って並べられた数列です。□に入る数はなんでしょうか。

(1)　3, 4, 6, 9, □, 18, …

(2)　3, 5, 9, 15, □, 33, …

(3)　2, 6, 8, 12, 14, 18, 20, 24, □, 30, …

(4)　3, 4, 7, 9, 10, 13, 15, 16, 19, □, 22, …

見方・考え方

　与えられた数列の規則を発見する方法として，隣り合う

2つの項の間にどのような関係があるかを調べるのは有効な手段です。ここでは，隣り合う項どうしの差を順に調べていき，数列の規則を推測してみましょう。

解説21

(1) 与えられた数列について，隣り合う項どうしの差を調べてみる。

$$第2項 - 第1項 = 4 - 3 = 1$$

$$第3項 - 第2項 = 6 - 4 = 2$$

$$第4項 - 第3項 = 9 - 6 = 3$$

表をつくると，次のようになる。

順番	1	2	3	4	5	6
数列	3	4	6	9		18
差		1	2	3	…	…

以上から，

$$第5項 - 第4項 = 4$$

$$第6項 - 第5項 = 5$$

と続くことが予想される。つまり，この数列の規則は「第2項以降の各項の値は，(前項の値) に (前項の順番の数) を足したもの。ただし，第1項の値は3」

と表せる。

したがって，求めたい第 5 項の値は

$$第 5 項 = 第 4 項 + 4 = 9 + 4 = 13$$

である。

答　13

[注] 上で推測した規則が，第 6 項でも成り立っているか確認しましょう。第 5 項と同様の方法で第 6 項を求めると

$$第 6 項 = 第 5 項 + 5 = 13 + 5 = 18$$

となり，与えられた数列と一致します。正しい規則を発見できたといえるでしょう。

(2) 与えられた数列について，隣り合う項どうしの差を調べてみる。

$$第 2 項 - 第 1 項 = 5 - 3 = 2 = 1 \times 2$$

$$第 3 項 - 第 2 項 = 9 - 5 = 4 = 2 \times 2$$

$$第 4 項 - 第 3 項 = 15 - 9 = 6 = 3 \times 2$$

表をつくると，次のようになる。

順番	1	2	3	4	5	6
数列	3	5	9	15		33
差		1×2	2×2	3×2	…	…

以上から

第2章 | 規則性の問題

$$第5項 - 第4項 = 4 \times 2$$

$$第6項 - 第5項 = 5 \times 2$$

と続くことが予想される。つまり、この数列の規則は
「第2項以降の各項の値は、（前項の値）に（前項の順番の数×2）を足したもの。ただし、第1項の値は3」
と表せる。

したがって、求めたい第5項の値は

$$第5項 = 第4項 + 4 \times 2 = 15 + 8 = 23$$

である。

答　23

[注]（1）と（2）の数列は、順番の数を n で表せば、それぞれ

(1)　$a_1 = 3$, $a_{n+1} = a_n + n$　($n = 1, 2, 3, \cdots$)

(2)　$a_1 = 3$, $a_{n+1} = a_n + 2n$　($n = 1, 2, 3, \cdots$)

と表されます。このような式を**漸化式**といいます。高校数学では、漸化式を利用して数列の n 番目の数 a_n を n の式で表す問題が扱われます。参考までに、(1)と(2)の数列の n 番目の数 a_n を n で表すと

(1)　$a_n = \dfrac{n^2}{2} - \dfrac{n}{2} + 3$

(2)　$a_n = n^2 - n + 3$

となります。なお、a_n や a_{n+1} の表し方は116ページを参照のこと。

(3) (1) や (2) と同様に,与えられた数列の隣り合う項どうしの差を調べて表にまとめると,次のようになる。

順番	1	2	3	4	5	6	7	8	9	10
数列	2	6	8	12	14	18	20	24		30
差		4	2	4	2	4	2	4	…	…

隣り合う項どうしの差が

$$4, 2, 4, 2, 4, 2, 4, 2, 4, 2, 4, \cdots$$

という数列をつくっていることがわかる。

したがって,与えられた数列の規則は

「第1項の値は2。偶数番目の項の値は前項の値に4を加えたもの。奇数番目の項の値は前項の値に2を加えたもの」

と書ける。よって,求めたい第9項は

$$第9項 = 第8項 + 2 = 24 + 2 = 26$$

と得られる。

答 26

[注] 上の規則は,漸化式で表すと次のようになります。

$a_1 = 1$, $a_{2n} = a_{2n-1} + 4$, $a_{2n+1} = a_{2n} + 2$ ($n = 1, 2, 3, \cdots$)

第2章 | 規則性の問題

(4) これまでと同様に，与えられた数列で隣り合う2つの項の差を調べて表をつくると，次のようになる。

順番	1	2	3	4	5	6	7	8	9	10	11
数列	3	4	7	9	10	13	15	16	19		22
差		1	3	2	1	3	2	1	3	…	…

隣り合う項どうしの差が
　　　　1, 3, 2, 1, 3, 2, 1, 3, 2, 1, …
という数列をつくっていることがわかる。
　したがって，求めたい第10項は第9項の値に2を加えたもので，

$$第10項 = 19 + 2 = 21$$

である。

答　21

参考

等差数列の用語を考える

　高校までに扱う数列は等差数列と等比数列が基本で，その他のいろいろな数列はこれら2つの数列を通して分析することになっています。この等差数列という呼称は，数列のつくり方から来ているわけではありません。用語に「差」と示されていることから，学ぶ者の中には少し戸惑いを感じている人が見られます。「差」をとるには最低2つの数が必要ですから，1番目の項だけから2番目の項をつくりだすには，「差」を使うことはできません。この呼称と内容の違いから，数列を苦手にしている人がいるようです。そこで，数列の表し方から数列のつくり方のポイントを調べてみましょう。

1） 数列の項の表し方

　文字を使って数列の項を表現するには，1つの文字 a と，これに順番を表す数 n を添え字にして，n 番目の項を a_n で表します。すなわち，1番目の項から順に

$$a_1,\ a_2,\ a_3,\ a_4,\ a_5,\ \cdots,\ a_n,\ a_{n+1},\ \cdots$$

と表します。

2） 数列のつくり方

　一般に，数列は次の（ⅰ）〜（ⅳ）の操作でつくることができます。

（ⅰ）　最初の項（**初項**ともいいます）の値 a_1 を決める。

（ⅱ）　a_1 をもとに，ある規則のもとで a_2 をつくる。

（ⅲ）　a_2 をもとに，同じ規則で a_3 をつくる。

(ⅳ) 順次これを繰り返して各項をつくる。

　このように，数列は初項をもとに，各項はある規則によって順次つくられていきます。

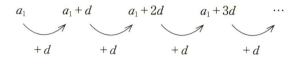

　このとき，「ある規則」を「ある一定の数を加える」と定めたときに得られる数列を**等差数列**と呼んでいるのです。したがって，「加える」という操作が中心であり，「差」をとっているわけではありません。

3) 数列の分析は"差"を考える

　できあがった数列（具体的に数が並べられているということ）から，その背後に潜む規則を発見するには，数列のつくり方からわかるように，隣り合った2つの項の関係を調べることが基本になります。この関係を調べる方法の代表が差をとることなのです。

　なお，隣り合った2項の差をとることを「階差をとる」といい，このときできる数列

$$a_2 - a_1, \ a_3 - a_2, \ a_4 - a_3, \ \cdots, \ a_{n+1} - a_n, \ \cdots$$

を**階差数列**といいます。

[注] 規則を「ある一定の数 r をかける」としたときに得られる数列は**等比数列**と呼ばれています。

翻訳メソッド 22 連続する3項の関係を調べる

【問21】のように,数列の規則は隣り合う2項を調べることで判明できるもののほかに,連続する3項を調べることで規則性が判明する数列もあります。

【問22】フィボナッチ数列

次の数列は,ある規則に従ってつくられています。
 0, 1, 1, 2, 3, 5, 8, 13, 21, ☐, 55, …
☐には何が入るでしょうか。
ヒント:隣り合う3つの項の関係に注目してみましょう。

見方・考え方

これまでと同様に,数列の規則を見つけるために表をつくってみましょう。

順番	1	2	3	4	5	6	7	8	9	10	11	…
数列	0	1	1	2	3	5	8	13	21		55	…
規則												

この表で,各項の値と順番の数を見くらべても,なんら

規則性は見いだせません。また，隣り合う項どうしの差で数列をつくってみても

　　　　　1, 0, 1, 1, 2, 3, 5, 8, …

となり，やはり規則は見つかりません。

　じつはこの問題の数列は，自然界の仕組みや経済分析などいろいろな分野の研究で役立っている特別な存在です。13世紀のイタリアの数学者の名前が冠され，**フィボナッチ数列**と呼ばれています。

　ヒントに従って，連続する3つの項の関係に注目してみましょう。たとえば，第1〜3項の値は「0, 1, 1」，第2〜4項の値は「1, 1, 2」，第3〜5項の値は「1, 2, 3」です。共通の規則性が見えてきたでしょうか。じつは，これらの連続する3つの項では，「3番目の項の値が1番目と2番目の項の値の和に等しい」という規則があります。ほかの項も同じ規則に従っているか，確かめてみてください。

[注] ヒントなしでこの数列の規則を発見するのはむずかしいかもしれません。しかし，いちどこの規則に触れることで，未知の数列に出会ったときに応用できるようになるはずです。類似の規則はいろいろと考えられます。たとえば，
「ある項の値が，直前の3つの項の値の和に等しい」
「ある項の値が，直前の2つの項の値の積に等しい」
といった規則に従う数列を目にするかもしれません。翻訳力を生かして，新たな数列の規則を見破ってください。

解説22

この数列は

第1項+第2項=0+1=1=第3項

第2項+第3項=1+1=2=第4項

第3項+第4項=1+2=3=第5項

第4項+第5項=2+3=5=第6項

のように,「第3項以降の各項の値は,直前の2つの項の値の和に等しい」という規則に従っている。

したがって,求める10番目の項は,8番目の項（=13）と9番目の項（=21）の和に等しい。

答　34

[注] 1) フィボナッチ数列を漸化式で表すと,次のようになります。
   $a_1=0,\ a_2=1,\ a_{n+2}=a_n+a_{n+1}\ (n=1,\ 2,\ 3,\ \cdots)$
2) 隣り合う3つの項で表した漸化式を**3項間漸化式**といいます。3項間漸化式で表される数列は,最初の2つの項が与えられなければ,数列を決めることはできません。
3) 3つの数 $a,\ b,\ c\ (a<b<c)$ がフィボナッチ数列の連続した3つの項と等しい場合（たとえば,$a=8,\ b=13,\ c=21$）,

$ac-b^2=1$ または -1

が成り立ちます。これを題材としたパラドックスを次ページのコラムに掲載しました。

第2章 規則性の問題

◢コラム

フィボナッチ数列のパラドックス

3つの数 a, b, c ($a<b<c$) がフィボナッチ数列に登場する連続した3数（たとえば5, 8, 13）とすると

$$ac - b^2 = 1 \text{ または} -1$$

が成り立ちます。この関係を利用したパラドックスを紹介しましょう。

正方形を〈図1〉のような長さで切って、A〜Dの4つに分けた後、それを〈図2〉のように並べ替えて長方形をつくりました。

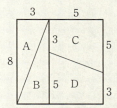 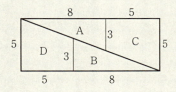

〈図1〉1辺の長さが8 の正方形　　**〈図2〉縦5, 横13の長方形**

〈図2〉の長方形は〈図1〉の正方形を構成していた図形だけでつくったものですから、面積は等しくなるはずです。ところが、それぞれの面積を計算すると、

　　〈図1〉の正方形：8×8＝64
　　〈図2〉の長方形：5×13＝65

と、食い違ってしまいます。

さて、この原因はどこにあるのでしょうか？

じつは、〈図2〉は正しい図ではありません。AとCお

よびBとDが並んで,それぞれ大きな直角三角形をつくっているように描かれていますが,実際にはこうはなりません。AとC(およびBとD)の斜辺は直線をなさないのです。

このように,つい思い込みで間違った図形を描いてしまうことはよくあります。

翻訳メソッド 23 順番を表す数との関係を調べる②

ここまで扱ってきた数列は整数の列でしたが，次は分数が並べられた数列（分数列）を取り上げてみましょう。数列の要素が分数になったからといって，規則を発見する方針は変わりません。各項の値と順番の数との関係を調べていきましょう。

【問 23】 分数列

ある規則に従って，分数が次のように並んでいます。

$$\frac{1}{7}, \frac{2}{8}, \frac{3}{9}, \frac{4}{10}, \frac{5}{11}, \frac{6}{12}, \frac{7}{13}, \cdots$$

この数列の 28 番目の分数を約分した形で求めなさい。

また，約分すると $\frac{29}{31}$ になる分数が初めて登場するのは，この数列の何番目の項ですか。

見方・考え方

分数列でも整数列と同様に，まず注目するのは各項の値と順番の数との関係です。この数列で真っ先に目につくのは，各項の分子の値が規則正しく順番の数になっているこ

とでしょう。また，分母も項の順番とともに1ずつ大きな値になっています。そのため，分母と分子の値の差はつねに一定で，6です。整理すると，

$$（分子の値）=（順番の数）$$

$$（分母の値）=（分子の値）+6=（順番の数）+6$$

となっています。すなわち，各項は $\dfrac{（順番の数）}{（順番の数）+6}$ と表せます。これがわかれば，28番目の分数を知るのは簡単ですね。

次に，約分して $\dfrac{29}{31}$ となる分数を，分母が小さい順に並べていくと，

$$\dfrac{29}{31},\ \dfrac{58}{62}\left(=\dfrac{29\times 2}{31\times 2}\right),\ \dfrac{87}{93}\left(=\dfrac{29\times 3}{31\times 3}\right),\ \cdots$$

となります。このような分数は無数にありますが，その中から与えられた数列に登場する最小の分数を見つければよいことになります。

先ほど考えたように，与えられた数列に登場する分数には

$$（分母の値）-（分子の値）=6$$

という規則があります。約分して $\dfrac{29}{31}$ となる分数の中から，この規則に当てはまるものを見つければよいのです。そのためには，ここでも表が役に立ちます。

解説 23

この分数列の各項の分数は

$$\frac{(順番の数)}{(順番の数)+6}$$

と表せる。したがって、28番目の分数は

$$\frac{28}{28+6}=\frac{28}{34}=\frac{14}{17}$$

である。

答 $\dfrac{14}{17}$

次に、約分して $\dfrac{29}{31}$ となる分数の中から、与えられた数列に登場するものを探す。与えられた数列には

$$(分母の値)-(分子の値)=6$$

という規則があるので、これを満たす分数を探せばよい。そこで、約分して $\dfrac{29}{31}$ となる分数について、小さいものから順に分母と分子の差を調べてみよう。これを表に整理すると次のようになる。

分子	29	58	87
分母	31	62	93
分母−分子	2	4	6

したがって，この数列に初めて登場する「約分して$\dfrac{29}{31}$になる分数」は$\dfrac{87}{93}$で，これは数列の 87 番目の項である。

<u>答　87 番目</u>

[注] 分数列の問題においても，表づくりは役に立ちます。たとえば，**【問 23】**の数列が，約分完了形で

$$\dfrac{1}{7},\ \dfrac{1}{4},\ \dfrac{1}{3},\ \dfrac{2}{5},\ \dfrac{5}{11},\ \dfrac{1}{2},\ \dfrac{7}{13},\ \cdots$$

と，提示されているようなとき，順番の数と絡めて約分未了形に戻しておくと，分数列全体の特徴がつかみやすくなる場合もあります。

順番の数	1	2	3	4	5	6	7	…
約分完了形	$\dfrac{1}{7}$	$\dfrac{1}{4}$	$\dfrac{1}{3}$	$\dfrac{2}{5}$	$\dfrac{5}{11}$	$\dfrac{1}{2}$	$\dfrac{7}{13}$	…
約分未了形	$\dfrac{1}{7}$	$\dfrac{2}{8}$	$\dfrac{3}{9}$	$\dfrac{4}{10}$	$\dfrac{5}{11}$	$\dfrac{6}{12}$	$\dfrac{7}{13}$	…

この表から，分数列の規則は容易に発見できます。

第2章 | 規則性の問題

翻訳メソッド 24 別の規則が見える数列を探す

　これまでは、数を横1列（1次元）に並べた数列を扱ってきました。次は、自然数の列を2次元に配置した問題で考えてみましょう。この配置の特徴を調べるには、行だけあるいは列だけなどに注目することで新たな数列が得られます。この数列を手がかりに、解決を試みるのです。

【問24】2次元への配置（I）

次の表は、ある規則に従って自然数を2次元に並べたものです。

	1列目	2列目	3列目	4列目	…
1行目	1	2	5	10	
2行目	4	3	6	11	
3行目	9	8	7	12	
4行目			14	13	
…					

7行目9列目のマスに入る自然数はなんでしょうか。また、「51」は何行目何列目のマスに入りますか。

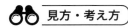
見方・考え方

この表の規則（自然数の並び方）を発見するために，1から順に自然数のマスの位置を確認してみましょう（下図）。

	1列目	2列目	3列目	4列目	…
1行目	1 → 2		5	10	
2行目	4 ← 3		6	11	
3行目	9 ← 8 ←		7	12	
4行目			← 14 ←	13	
…					

自然数の並び方の規則がわかったので，さらに表を拡げて，知りたいマスまで自然数を書き込んでいく，というのがひとつの方法です。しかし，遠いマスの自然数を問われた場合，この方法では少々面倒です。ほかの方法を考えてみましょう。

この規則に従うと，7行目9列目のマスに入る数は，1行目9列目の自然数から6つ先の（6大きい）自然数であることがわかります。そこで，1行目9列目の自然数を考えましょう。1行目の数を1列目から順に並べると，

$$1,\ 2,\ 5,\ 10,\ \cdots$$

という数列ができます。この数列の規則を発見して第9項

の自然数を明らかにできれば，それが1行目9列目の自然数と認めてよいことになります。

このように，2次元の数列の問題を1次元の数列の問題に翻訳することができました。

次は，51がこの表のどのマスに入るかを調べる問題です。これを考えるうえでも，先ほど発見した1行目のマスに入る自然数からなる数列が役に立ちます。もしこの数列に51が登場することがわかれば，51が入るマスの位置はその時点で明らかです。数列に51が登場しない場合は，数列に登場する自然数の中で51に最も近いものを探しましょう。

解説 24

この表の規則に従えば，求めたい7行目9列目の自然数は，1行目9列目の自然数より6つ大きい。そこで，1行目9列目の自然数を求める。

1行目の自然数を1列目から順に並べると

$$1,\ 2,\ 5,\ 10,\ \cdots$$

という数列になる。この数列について，次の表がつくれる。

順番	1	2	3	4	5	⋯
数列	1	2	5	10	17	⋯
差		1	3	5	7	⋯

この表から，数列の隣り合う2つの項どうしの差が1から始まる奇数列をなすことがわかる。その規則に従って表を拡張すれば，第9項の自然数が65であることがわかる。

1行目9列目の自然数は65であるので，7行目9列目の自然数は

$$65 + 6 = 71$$

である。

答　71

　また，上で拡張した表から，1行目8列目の自然数が50であることがわかる。したがって，51は2行目8列目に入る。

答　2行目8列目

[注]　**【解説24】**では，表の1行目に並ぶ自然数がつくる数列に注目しましたが，1列目に並ぶ自然数に注目してもかまいません。1列目の自然数がつくる数列は

$$1,\ 4,\ 9,\ \cdots$$

となります。この数列には

$$（項の値）=（順番の数）\times（順番の数）$$

という規則があります。つまり，各項の値は平方数です。51に最も近い平方数は49（$=7^2$）です。7行目1列目の自然数が49とわかれば，51の場所も簡単にわかりますね。

翻訳メソッド 25 グループ化する①

ここまでは，隣り合う 2 項や 3 項の関係を調べて，数列の規則を発見してきました。次は，まったく違った見方をすることにより，規則が見つかる数列を取り上げてみます。

たとえば，

　　　1, 1, 2, 1, 2, 3, 1, 2, 3, 4, 1, …

という数列は，このままでは規則は見えにくいですが

　　1, (1, 2), (1, 2, 3), (1, 2, 3, 4), (1, …

のように，数列に区切りを入れることで規則性らしきものが見えてきました。このように，仕切りを入れてグループ化していくことで解決できる問題を見ていきましょう。

【問 25】2 次元への配置（II）

下図のように，奇数を 1 から順に配置しました。n 段目に n 個の奇数を並べています。

　　1 段目　1
　　2 段目　3　5
　　3 段目　7　9　11
　　4 段目　13　15　17　19

ある段に並んでいる奇数をすべて合計したら 3375 になりました。この段は何段目でしょうか。

 見方・考え方

1～4段目までの各段について，奇数の和を具体的に求めてみると

1段目　1

2段目　3＋5＝8

3段目　7＋9＋11＝27

4段目　13＋15＋17＋19＝64

となっており，各段の和を順に並べると，次の数列が得られます。

$$1,\ 8,\ 27,\ 64,\ \cdots$$

この問題は，3375がこの数列の第何項の値かを聞いているのです。

そこで，この数列の表をつくって，各項の値と順番の数との関係を考えてみましょう。

順番	1	2	3	4	…
数列	1	8	27	64	…
規則	1×1×1	2×2×2	3×3×3	4×4×4	…

この数列の各項の値は，その順番の数を3回かけたもの（3乗）に等しいと推測できます。

したがって，3375がなんらかの数の3乗になっている

かどうかを確かめて，この数列の何項目の値かを調べればよいのです。

 解説 25

各段の和を求めると，次のようになる。

1段目　$1 = 1 \times 1 \times 1$

2段目　$3 + 5 = 8 = 2 \times 2 \times 2$

3段目　$7 + 9 + 11 = 27 = 3 \times 3 \times 3$

4段目　$13 + 15 + 17 + 19 = 64 = 4 \times 4 \times 4$

各段の数字の和は，その段の順番の数字を3個かけた値に等しい。

そこで，3375も同じ数字を3個かけて得られる値なのか確かめてみる。

$$\begin{aligned}
3375 &= 5 \times 675 \\
&= 5 \times 5 \times 135 \\
&= 5 \times 5 \times 5 \times 27 \\
&= 5 \times 5 \times 5 \times 3 \times 3 \times 3 \\
&= 15 \times 15 \times 15
\end{aligned}$$

となり，15を3個かけた値に等しいことがわかる。したがって，和が3375になるのは15段目である。

答　15段目

[注]【問25】の各段は次のように表現することもできます。
　奇数を1から順に左から右へ並べ，これを n 群には n 個の数が含まれるように分割し，左から順に第1群，第2群，…と名づけます。区分けを仕切り棒「｜」を使って表すと，この問題の各群は次のように，横1列で表せます。

　　　1 ｜ 3, 5 ｜ 7, 9, 11 ｜ 13, 15, 17, 19 ｜ 21, …

　このように，数列をいくつかのまとまりで考えたものを**群数列**といいます。

第2章 規則性の問題

翻訳メソッド 26 グループ化する②

群数列の問題をもう1問見てみましょう。白と黒の碁石をある規則に従って並べていく問題です。

【問26】碁石の並べ方

ある規則に従って、白と黒の碁石を下図のように左から右へ並べていきます。

2015個目の白石は全体の何番目に位置しますか。

見方・考え方

まず検討すべきは、いくつかの碁石の同じ配列が繰り返されていないかです。そこで、与えられた碁石の並びを、左から2つずつ、3つずつ、…というように区切ってみましょう。区切りと区切りのあいだで同じ配列が繰り返されていれば、それがこの碁石の並び方の規則です。

たとえば、次ページの図のように、仕切り（｜）を入れ

133

て左から6つずつ区切ってみましょう。

○○●○●●｜○○●○●●｜●○○○●…

1つ目の区切りと2つ目の区切りでは，碁石の並び方は異なります。同じ配列の繰り返しがあるとしても，6つの配列ではないことがわかります。

このような実験を続けていくと，白4個，黒3個の計7個からなる「白－白－黒－白－黒－黒－白」という配列が繰り返されていることがわかります。

○○●○●●○｜○○●○●●○｜○○●…

これが，この問題が持つ「ある規則」です。

次に，このように組分けをしたとき，各組に白石が4個含まれていることに注意して，2015番目の白石は何組目に入るかを調べます。

(7個の組数)＝(白4個の組数)

白石を4個含む組の総数は，2015を4で割った商だけあります。割り算をすると

$$2015 \div 4 = 503 \quad 余り 3$$

となりますから，白石の個数が4個の組は503組でき，その後に白石が3個だけしかない組が1組並びます。すなわち，最後の半端の組の並びは「白－白－黒－白」となっています。

解説 26

この碁石の並び方は，

白－白－黒－白－黒－黒－白

と，1つの組に4個の白石と3個の黒石が上のような順で並び，これが繰り返されている。この組数は白石の個数が2015個のとき，白石が4個含まれる組数は

$$2015 \div 4 = 503 \quad 余り 3$$

より503組ある。

504組目は白石が3個含まれている。したがって，504組目の石の並びは，「白－白－黒－白」と1個の黒石を含んでいる。

このことから，2015番目の白石を並べたとき，7個並ぶ組が503組あり，この後に4個の石が並ぶので，2015番目の白石は，全体の中では

$$7 \times 503 + 4 = 3521 + 4 = 3525 \, 番目$$

の石である。

答　3525番目

[注] この問題も群数列を扱っていることになります。すなわち，第n群にはつねに7個の白石と黒石が

白－白－黒－白－黒－黒－白

と並ぶ，と読み換えられます。

翻訳メソッド 27 具体化して調べる

　本章の最後に，これまでの並べ方とは異なり，カードを円形に並べた問題を見てみましょう。なお，並べ方の規則を発見するときの基本の方策は「具体化」であることをもう一度思い出して，解決してみてください。

【問27】継子立て

　1から176までの数字が1つずつ書かれている176枚のカードが，いちばん上を1として，数字の順に重ねてあります。この山からカードを1枚ずつ取り除いていくゲームをします。ルールは以下のとおりです。

　1回目は，いちばん上のカード①を山のいちばん下に移動し，このときいちばん上にあるカード②を取り除く。

　2回目も，いちばん上のカード③をいちばん下に移し，このときいちばん上にあるカード④を取り除く。

　このように，いちばん上のカードをいちばん下に移し，新しくいちばん上に現れたカードを取り除く操作を繰り返します。最後に残るカードに書かれている数字はいくつですか。

第2章 | 規則性の問題

見方・考え方

　このゲームは，1～176の数字が書かれた176枚のカードを時計回りに並べ，1枚おきにカードを取り除く操作を最後の1枚になるまで繰り返す，とみなしても同じことです。このことはさらに，並べたカードに対して，隣り合う2枚のカードをペアとして，取り除くカードは各ペアの2番目のカードとして，1回目の操作は（1，2）のペアから2を除き，2回目は（3，4）のペアから4を取り除くと考えても同じことです。

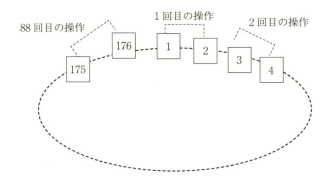

　1周目ではペアは88組でき，最後のペアは（175，176）です。したがって，88回の操作で176の数字を含む88枚のカードは取り除かれ，2周目に入ります。
　2周目のスタートのカードは1となり，このあと奇数のカードが「1，3，5，7，…，173，175」と88枚並んでいます。この並びに対して1周目と同じようにペアをつくり，ペアの後ろのカードを取り除きます。

このように,ペアをつくってカードの枚数を減らしていく過程では,カードの残り枚数が奇数になった場合に注意が必要です。この場合,2枚ずつペアをつくっていくと,最後のカードはペアをつくれず余ってしまいます。この余ったカードは,次の周回の先頭のカードとして扱うことになります。

解説27

1から176のカードを,円形に時計回りに並べて考える。
1周目は,1～176の176枚のカードが並んでいるので,隣り合う2つのカードでペアをつくると
$$(1, 2), (3, 4), \cdots, (175, 176)$$
の88組できる。そして,各ペアの2枚目のカード,すなわち偶数のカード88枚が取り除かれる。

2周目は,1～175の奇数のカード88枚が並ぶので
$(1, 3), (5, 7), (9, 11), \cdots, (169, 171), (173, 175)$
の44組のペアができる。そして,各ペアの2枚目のカードである
$$3, 7, 11, \cdots, 171, 175$$
の44枚が取り除かれる。

3周目で並ぶのは
$$1, 5, 9, 13, \cdots, 173$$
の44枚のカードである。したがって,ペアは
$(1, 5), (9, 13), (17, 21), \cdots, (161, 165), (169, 173)$
の22組できる。したがって,3周目で取り除かれるのは
$$5, 13, 21, \cdots, 165, 173$$

の22枚である。

4周目は，
$$1, 9, 17, \cdots, 161, 169$$
とカードが22枚並ぶので，ペアは
$$(1, 9), (17, 25), \cdots, (161, 169)$$
の11組でき，4周目で取り除かれるカードは
$$9, 25, \cdots, 169$$
の11枚である。

5周目は，1をスタートに
$$1, 17, \cdots, 145, 161$$
と，16で割って1余るカードが11枚並ぶ。ペアをつくると，
$$(1, 17), (33, 49), \cdots, (129, 145)$$
の5組と，161のカードが余る。取り除かれるカードは
$$17, 49, 81, 113, 145$$
である。

6周目は，5周目で余った161がスタートになり，
$$161, 1, 33, 65, 97, 129$$
の6枚が並ぶ。したがって，ペアは
$$(161, 1), (33, 65), (97, 129)$$
の3組となり，6周目で除かれるカードは，
$$1, 65, 129$$
で，残りは
$$161, 33, 97$$
である。

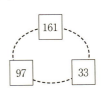

さらに，33，161の順で取り除かれるから，最後に残るカードは97である。

答 97

第 **3** 章
図形問題

　図形問題とは，長さ，面積，体積などの量や，対称性などの図の特徴を調べる問題です。これらの解決にも翻訳力は不可欠です。「言葉や式の言い換え」ではなく「図を使いこなす力」です。与えられた図だけでなく，別の図で言い換えることで，目標がすっきりしてきます。

翻訳メソッド 28 方眼紙の性質を利用せよ①

　前章までは，言葉を別の言葉で言い換える「翻訳」についていろいろな問題を見てきました。この章では，図形問題でこれと同じことが考えられるかを見てみましょう。まず，図形を描く問題です。定規やコンパスを用いて描くのではなく，与えられた方眼紙の性質（縦，横の長さが等しいなど）を利用して，要求されている図形を描くことで，その図形の本質をつかみましょうということです。

【問 28】図形を描く（ I ）

　下図は，点「・」を上下左右に 1 cm 間隔で並べたもので，その上に 4 点を結んで面積 2 cm^2 の長方形が描かれています。この長方形を利用することで，同じ面積を持つ正方形を描きなさい。

　ただし，正方形の頂点は上で定めた点のみとし，斜めに結んだ線分の長さは使えないものとします。

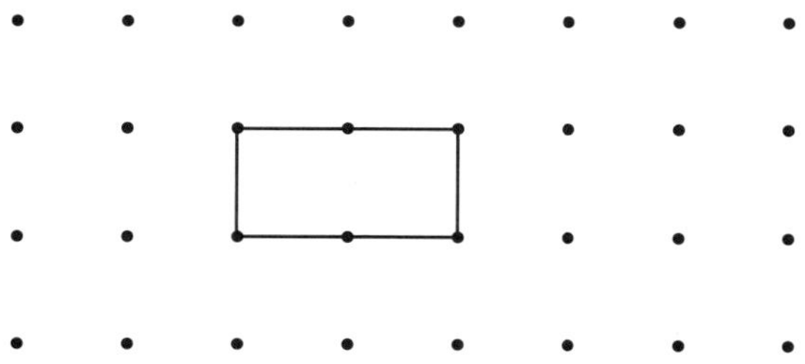

第3章 | 図形問題

　見方・考え方

　各点を結ぶことで描ける面積がわかる図形は、三角形、四角形（正方形、長方形、台形など）でしょう。このとき、2点を結ぶ線分は、斜めに引くことは可能ですが、その長さを利用することはできません。したがって、面積が平方数で表される正方形や、正方形をつなげた長方形や、正方形や長方形を半分にした $\frac{1}{2}$ cm² などの図形は、次の図に示すように各点を結ぶことで描けます。ここでは、これらを利用して描きます。

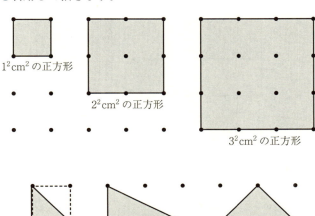

解説 28-1

　与えられた長方形を上下に2つつなげると面積 $4\,\mathrm{cm}^2$ の正方形が得られる。面積 $4\,\mathrm{cm}^2$ の正方形から面積 $2\,\mathrm{cm}^2$ の正方形をつくるには，$2\,\mathrm{cm}^2$ の2を

$$2 \times 2 - \frac{1}{2} \times 4 = 2$$

と考えてみる。すなわち，この式を面積 $2\,\mathrm{cm}^2$ の長方形を2つ合わせた正方形から，面積が $\frac{1}{2}\,\mathrm{cm}^2$ の直角三角形4つを均等に引き去ると解釈し，下の図のように描く。

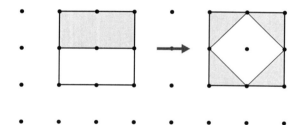

下左図のように，もとの長方形から面積が $\frac{1}{2}$ cm² の直角三角形を 2 つ切り取り，それらを下右図のように移動すれば，面積が 2 cm² の正方形が描ける。

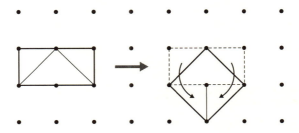

翻訳メソッド 29 方眼紙の性質を利用せよ②

　格子状に置かれた点を結ぶことで要求されている図形を描く問題を，もう1問考えてみましょう。ここでは，面積が5 cm²の正方形を描きます。なお，$\sqrt{2}$や$\sqrt{5}$などの無理数を長さに持つ線分は，2点を結ぶだけでは描くことができないことは前問と同じです。

【問29】図形を描く（Ⅱ）

　下図の点（・）は，【問28】で定義したものと同じ格子点状に並べた点です。これらの点を結ぶことで面積5 cm²の正方形を，次の指示に従って2通りの方法で描きなさい。
　(1) 面積が1 cm²の正方形と直角三角形を利用すること。
　(2) 面積が9 cm²の正方形と面積が1 cm²の直角三角形を利用すること。

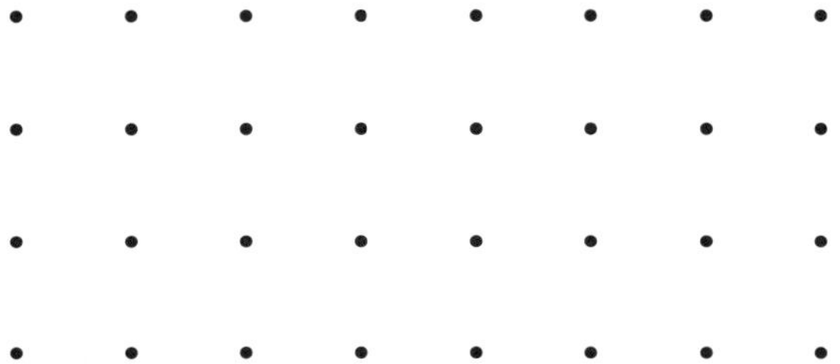

第3章 | 図形問題

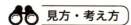 見方・考え方

指示に従って，次のように考えます。
(1) 面積 $5\,\mathrm{cm}^2$ の5は1をもとに分解すると

$$5 = 1 + 1 \times 4$$

となります。これは，面積 $1\,\mathrm{cm}^2$ の正方形に面積 $1\,\mathrm{cm}^2$ の直角三角形を4つ均等に加えることで，面積 $5\,\mathrm{cm}^2$ の正方形になることを示しています。

(2)

$$5 = 9 - 1 \times 4 = 3 \times 3 - 1 \times 4$$

と変形できます。これは，1辺の長さが $3\,\mathrm{cm}$（面積が $9\,\mathrm{cm}^2$）の正方形から面積 $1\,\mathrm{cm}^2$ の直角三角形を4つ取り去ることで，面積 $5\,\mathrm{cm}^2$ の正方形になることを示しています。

以上の2通りの考え方で描いてみましょう。

(1) 面積 $1\,\mathrm{cm}^2$ の正方形を描き,これに面積 $1\,\mathrm{cm}^2$ の直角三角形を均等に4つ加えて,全体で大きな正方形を描く。

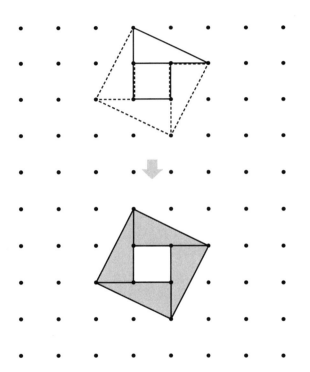

(2) $9\,\mathrm{cm}^2$ の正方形は下図のように描ける。

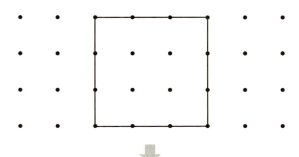

この正方形から，面積 $1\,\mathrm{cm}^2$ の直角三角形 4 つを図のように均等に引き去ると，残りは面積 $5\,\mathrm{cm}^2$ の正方形となる。

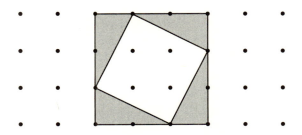

この図の白い正方形が面積 $5\,\mathrm{cm}^2$ の正方形である。

[注] 面積が $5\,\mathrm{cm}^2$ の正方形の 1 辺の長さを $a\,\mathrm{cm}$ とすると，a は $a^2 = 5$ を満たす正の数で，この値は無理数といわれる数です。この値を長さに持つ線分は，縦あるいは横だけの 2 点を結んで描くことはできません。

コラム

$\sqrt{2}$ や $\sqrt{3}$ などを長さに持つ線分の図示

　有理数の長さを持つ線分は，定規だけで任意の長さを正しく図示することは可能です。しかし，$\sqrt{2}$ は小数で表すと 1.41421356… と，循環しない数が小数点以下無限に連なる（無限小数）ので，この長さの線分を定規だけで描くことはできません。ここでは，定規とコンパスを用いて，$\sqrt{2}$，$\sqrt{3}$，$\sqrt{5}$ などの無理数を長さに持つ線分を描く方法を以下に示しておきます。

ア　直線 l 上に定点 A と，$AB_0 = 1$ となる点 B_0 をとり，この長さを単位とします。

イ　点 B_0 で l の垂線上に $B_0C_0 = 1$ となる点 C_0 をとります

ウ　点 A を中心に半径 AC_0 の円を描き，l との交点を B_1 とすると，$AB_1 = \sqrt{2}$ と無理数 $\sqrt{2}$ を長さに持つ線分が描けます。

エ　点 B_1 と l の垂線上に $B_1C_1 = 1$ となる点 C_1 をとります。

オ　点 A を中心に半径 AC_1 の円を描き，l との交点を B_2 とすると，$AB_2 = \sqrt{3}$ と無理数 $\sqrt{3}$ を長さに持つ線分が描けます。

カ　以下このように B_3，B_4 をとっていくことで，$\sqrt{4}$，$\sqrt{5}$，…を長さとする線分を描くことができます。

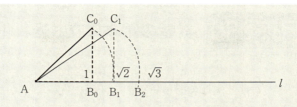

　この描き方の背景には，
$$\sqrt{1^2+1^2}=\sqrt{2},\ \sqrt{(\sqrt{2})^2+1^2}=\sqrt{3},$$
$$\sqrt{(\sqrt{3})^2+1^2}=\sqrt{4}=2$$
のように，三平方の定理が使われています。

翻訳メソッド 30 計量の基本に立ち返れ①

　ここからは，図形の面積を求める問題に挑戦してみましょう。図形の面積を求めるというと，多くの方は長方形であれば「縦×横」，三角形であれば「底辺×高さ÷2」など，公式に当てはめるイメージをお持ちかもしれません。しかし，面積を求めることの本筋は，基準の図形の何倍かを調べることにあり，公式はあくまでも便法です。言い方を変えれば，求める図形の面積を，基本単位の図形で言い換えることと解釈するのです。

【問30】公式なしの面積計算（1）

　下図は，いずれも面積が $2\,\text{cm}^2$ の正三角形を基本単位として，それを積み上げてつくった正三角形です。

1段

2段

3段

　このようにして10段積み上げてできる大きな正三角形の面積を求めなさい。
　また，基本単位の小さな正三角形には，図のように色が塗られています。10段積み上げたとき，色の塗

られていない白い正三角形の面積の総和を求めなさい。

見方・考え方

大きな正三角形の面積は，その図形の中に基本単位の正三角形がいくつあるかを調べることで求められます。そこで，各段にある小さな正三角形の個数に注目してみましょう。第2章で扱った規則性の問題に翻訳することができます。

なお，後半の個数の調べ方には，色が塗られている小さな三角形に注目するか，色が塗られていないほうに注目するかで，2通りあります。

解説30

10段の正三角形の各段を構成する小さな正三角形の個数は，

　　1段目には　1個，2段目には　3個
　　3段目には　5個，4段目には　7個

となっている。段を構成する小さな正三角形は，1段ごとに2個増えるから，

　　10段目には　19（＝1＋2×9）個

あることがわかる。したがって，10段で作られた大きな正三角形に含まれる小さな三角形の数は

$$1+3+5+7+9+11+13+15+17+19=20\times10\div2$$
$$=100 \text{ 個}$$

である。よって，10 段の正三角形の面積は

$$2\times100=200 \text{ cm}^2$$

とわかる。

答　200 cm^2

また，色の塗られた三角形の数は

　　　1 段目には　1 個，2 段目には　2 個
　　　3 段目には　3 個，4 段目には　4 個

となっている。したがって，10 段積み上げたときに色の塗られた三角形の数は

$$1+2+3+4+5+6+7+8+9+10=55 \text{ 個}$$

である。ということは，10 段に含まれる白い三角形の数は

$$100-55=45 \text{ 個}$$

となり，白い三角形の面積の総和は

$$2\times45=90 \text{ cm}^2$$

である。

答　90 cm^2

[注] 白い三角形の数は, 1段目が0個, 2段目が1個, 3段目が2個, ……という規則で増えていくことに気がつけば,

0 + 1 + 2 + 3 + 4 + 5 + 6 + 7 + 8 + 9 = 45個

とわかります。

翻訳メソッド 31 計量の基本に立ち返れ②

求められている面積を直接計算するのがむずかしい場合（たとえば，面積を求める公式がない図形など），次のような翻訳が有効になることがあります。

求める面積＝全体の面積－余計な面積

対象となる図形を別の複数の図形に置き換える，ということです。

【問 31】公式なしの面積計算（Ⅱ）

下図の，破線で描かれた小さな三角形はすべて正三角形で，その面積は 1 cm² です。実線で囲まれた三角形の面積を求めなさい。

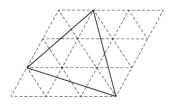

第3章 | 図形問題

見方・考え方

　この問題でも，三角形の面積公式「底辺×高さ÷2」を用いることはできません。そこで，実線の三角形内に含まれる破線の小さな正三角形の個数を数えられるか考えてみましょう。しかし，実線と破線がところどころで交わっていて，小さな正三角形を単純に数えることはできないことに気づきます。

　そこで，全体から余分な部分の面積を引く，という方法を考えましょう。ここで全体の図形になるのは，求める三角形を含む最小の図形（小さな三角形の辺を結んでできる図形）で，これは〈図1〉の太線で示した六角形です。

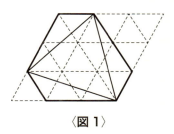

〈図1〉

　この六角形の面積は，小さな三角形の個数を数えることができるので求まります。さらに，この六角形の面積のうち余分な部分の面積がわかれば，全体からこれを引き去る方法で解決できそうです。

解説 31

〈**図2**〉のように,点 A, B, C, D, E, F を定める。

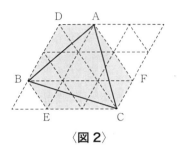

〈**図2**〉

求めたいのは△ABC の面積である。また,△ABC は六角形 ADBECF から3つの三角形(△ADB と△BEC と△CFA)を除いたものである。

六角形 ADBECF の面積は,内部の小さな正三角形の個数を数えればよい。小さな三角形の個数は,下から順に5個,5個,3個あるから,全体で

$$5+5+3=13 \text{ 個}$$

ある。1つの正三角形の面積は 1 cm^2 であるから,

$$1 \times 13 = 13 \text{ cm}^2$$

とわかる。

また,正三角形 ABC の辺 AB, BC, CA は,〈**図3**〉のようにすべて小さな三角形を交互に4つ並べてできる面積 4 cm^2 の平行四辺形の対角線になっている。

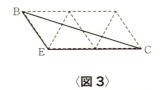

〈図3〉

平行四辺形の対角線は面積を2等分するので，△ADB，△BEC，△CFA の面積は，いずれも

$$4 \div 2 = 2 \text{ cm}^2$$

である。

したがって，△ABC の面積は

$$13 - 2 \times 3 = 7 \text{ cm}^2$$

である。

答　7 cm²

[注] 解説では，全体の図形を最小凸多角形である六角形としましたが，全体の図形を問題文で与えられた大きなひし形にとってもよいでしょう。

翻訳メソッド 32 円は中心と半径で言い換えよ

次は，円の面積を求める問題に挑戦しましょう。円のような曲線図形の面積は，これまでの直線図形のように，面積がわかっている基本図形の個数を調べるような方法で求めることはできません。したがって，円の面積を求める公式「円周率×(半径)^2」に頼らざるをえません。

なお，公式から，円の面積はその半径から一意に定まります。したがって，円の面積を求める問題は，円の半径を求める問題とみなすことができます。

【問 32】円の面積

下図のように，1 辺の長さが 3cm の正方形の各辺を 3 等分する 8 つの点すべてを通る円の面積を求めなさい。ただし，円周率は π のままでよいことにします。

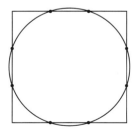

第3章 | 図形問題

見方・考え方

冒頭にも述べたように，円の面積を求めることは円の半径を求めることと同じで，そのためにはこの円の中心 O がどこにあるかを探さなければなりません。与えられた円と正方形の対称性を考慮すれば，この候補は，対角線の交点がまず考えられます。そこで，3等分点の各点に対して $OA_1 = OA_2 = \cdots = OA_8$ が言えるかどうかですが，結果のみが要求されているのであれば，このことを示すことなく，これらが成り立つことを前提に解いてもよいでしょう。すなわち，円の中心と正方形の対角線の交点は一致するとして解いてみましょう。

解説 32

〈図1〉のように，正方形の各頂点を P, Q, R, S, 対角線の交点を O, 各辺の3等分点を $A_1 \sim A_8$ とすると，円の半径は $OA_1 = OA_2 = \cdots = OA_8$ に等しい。

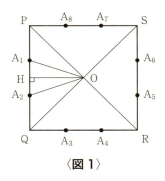

〈図1〉

OからPQに下ろした垂線の足をHとして,直角三角形OHA_1に着目すると

$$OH = \frac{PS}{2} = \frac{3}{2} \text{ cm}, \quad A_1H = \frac{1}{2} \text{ cm}$$

である。三平方の定理より,円の半径OA_1は

$$OA_1 = \sqrt{OH^2 + A_1H^2} = \sqrt{\left(\frac{3}{2}\right)^2 + \left(\frac{1}{2}\right)^2} = \frac{\sqrt{10}}{2} \text{ cm}$$

とわかる。

したがって,円の面積Sは

$$S = \pi OA_1^2 = \pi \times \left(\frac{\sqrt{10}}{2}\right)^2 = \pi \times \frac{10}{4} = \frac{5}{2}\pi \text{ cm}^2$$

である。

答 $\underline{\dfrac{5}{2}\pi \text{ cm}^2}$

以降は,三平方の定理,根号(ルート)や円周率を表す文字π(パイ)など,中学数学の知識を使っていきます。ごく簡単な数学なので,ひるまずについてきてください。

第3章 | 図形問題

8点を通る円

【問 32】に指示されている8点を通る円が描けるかを調べてみましょう。

正方形を PQRS とし、この正方形の対角線の交点を O とすると、O は定点です。また、正方形の各辺を 3 等分する点を〈図 1〉のように A_1, A_2, A_3, A_4, A_5, A_6, A_7, A_8 とします。

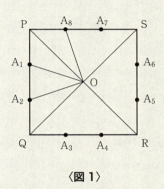

〈図 1〉

このとき、△OPA_1 と△OQA_2 において、

$$OP=OQ, \quad PA_1=QA_2, \quad \angle OPA_1=\angle OQA_2$$

がいえます。つまり、2辺とその間の角が等しいから

$$\triangle OPA_1 \equiv \triangle OQA_2$$

また、△$OPA_1 \equiv \triangle OPA_8$ もいえるので

163

$$OA_1 = OA_2 = OA_8$$

です。同様にして

$$OA_1 = OA_2 = OA_3 = OA_4 = OA_5 = OA_6 = OA_7 = OA_8$$

がいえます。すなわち，A_1〜A_8 の 8 点は定点 O からの距離がすべて等しいのです。したがって，A_1〜A_8 の 8 点はいずれも点 O を中心とする円周上に乗ります。

第3章 | 図形問題

翻訳メソッド 33 直線図形の面積では底辺と高さを探せ

　図形の面積は，基本図形（単位となる図形）の何倍かを調べることが定義的な求め方であることを【問30】，【問31】などで示してきました。しかし，一般の直線図形は辺の長さなどを材料として三角形の面積公式を利用して結論を得ることが中心的な解法になります。ここでは，折り返し図形を題材に重なりの部分の面積を求めてみましょう。

【問33】折り返し図形の面積

　長方形のテープ ABCD を対角線 AC で折り返すと，下図のようになります。図の三角形 CDE の各辺の長さを測ると CD = 12 cm，DE = 9 cm，CE = 15 cm でした。このとき，テープが重なっている部分の面積を求めなさい。

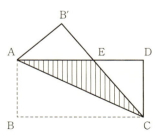

165

 見方・考え方

　公式を利用して面積を求めるとき、与えられた図では何が与えられているのかを確認し、さらに何がわかればよいかを判断しなければなりません。そのための方法として、図を自分で新たに描き直し、与えられた条件とともに、折り返しで新たに生まれた条件も含めて図に書き込みその図で考察するのです。

　たとえば、折り返し線 AC に関しては〈**図1**〉、折り返し図形に関しては〈**図2**〉のような等しい角が新たに生まれます。

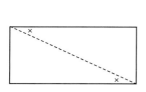　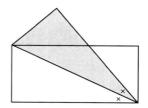

〈**図1**〉対角線と角　　　〈**図2**〉折り返し図形と角

　問われているのは△ACE の面積です。辺 AE を△ACE の底辺とみなすと、高さは CD に等しくなります。つまり高さは 12 cm とわかるので、底辺 AE の長さがわかれば△ACE の面積が求められます。

解説 33

条件を織り込んだ図を描くと，〈**図 3**〉のようになる。

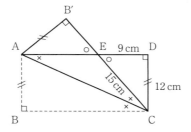

〈図 3〉条件を織り込んだ図

この図において△ACE に注目すると

$$\angle EAC = \angle ECA$$

である。したがって，△ACE は二等辺三角形であるから

$$AE = EC = 15 \text{ cm}$$

である。よって，重なりの部分の面積は，

$$\triangle ACE = \frac{1}{2} \times AE \times CD = \frac{1}{2} \times 15 \times 12 = 90 \text{ cm}^2$$

と求められる。

答　90 cm^2

[注] △ACE = △ACD － △EDC とみなしても，【**解説 33**】と本質は変わりません。

$$\triangle ACE = \frac{1}{2} \times CD \times (AD - ED) = \frac{1}{2} \times CD \times AE$$

翻訳メソッド 34 線対称図形に注目せよ①

ここでは、反射の性質を利用して、ビリヤードの球の動きを探る問題を見てみましょう。球の動きは、通過した跡（軌跡）を図形的に考察するのですが、反射では線対称の特徴を調べていくことが中心になります。

【問34】ビリヤードの狙いどころ（１）

〈図１〉のビリヤード台の上で球を転がすと、球はまっすぐ進み、やがて台の縁に当たってはね返ります。はね返るときには必ず、〈図２〉のように入射角と反射角の大きさが等しくなります。

いま、点Ａから球を転がし、縁BC上の点Eではね返らせて、点Pに置かれた別の球に当てることを考えます。点Eは点Bから何cmにとればよいでしょうか。

ただし、台の大きさは 280 cm × 160 cm、点Pは縁BCから 80 cm、縁CDから 40 cm のところにあります。また、球の大きさは無視してください。

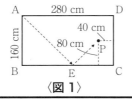
〈図１〉

〈図２〉

第3章 | 図形問題

見方・考え方

まず,反射の性質について考えてみましょう。

いま,光源Oから出た光が平面(鏡面をイメージしてください)l 上の点Qで反射し,点Sに当たったとします(〈図3〉)。直線 l に関する点Sの対称点S′を描くと,線分SS′は直線 l と垂直に交わります。その交点をHと

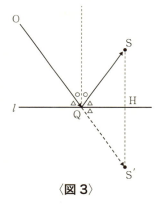

〈図3〉

します。このとき,点Qの周りの角の関係は図のようになり,O, Q, S′の3点が一直線上に並ぶことがわかります。

この反射の性質を参考に,本問を考えてみましょう。点Aから出た球が辺BC上の点Eで反射して点Pに当たるとき,線分BCに関する点Pの対称点P′が直線AEの上に乗るはずです。つまり,直線AP′と線分BCの交点が点Eになるということです。

解説34

線分BCに関する点Pの対称点をP′とする(〈図4〉)。このとき,PP′とBCは垂直になる。また,線分PP′と線分BCの交点をHとすると,Hは PP′ の中点 (PH=HP′) である。

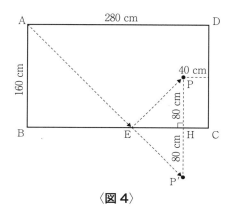

〈図4〉

点Aを出発して辺BC上の点Eで反射して点Pに当たると仮定すると，反射の性質から

$$\angle AEB = \angle PEH = \angle P'EH$$

が成り立つ。したがって，点Eは直線AP'と辺BCの交点に一致する。すると，

$$\angle AEB = \angle PEH, \quad \angle ABE = \angle PHE, \quad \angle BAE = \angle HPE$$

なので，△ABEと△PHEは相似である。相似比は

$$AB : PH = 160 : 80 = 2 : 1$$

なので，点Eは線分BHを2:1に分ける点である（BE：EH＝2：1）。BH＝280－40＝240 cm なので

$$BE = \frac{2}{3} \times BH = \frac{2}{3} \times 240 = 160 \text{ cm}$$

となる。

答　160 cm

翻訳メソッド 35 線対称図形に注目せよ②

反射の法則には慣れてきましたか。こんどは反射の回数を2回に増やしてみましょう。反射の回数がいくら増えても、考え方は変わりません。

【問35】ビリヤードの狙いどころ（Ⅱ）

下図のような長方形の台の上で、点Aから球を転がし、まず縁BCではね返らせ、次に縁CDではね返らせてほかの球に当てることを考えます。いま、甲、乙、丙の3点に球が置いてあります。上記のような狙い方で当てられるのは、3つのうちのどの球でしょうか。

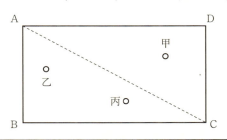

見方・考え方

〈**図1**〉のように、点Aから出た球が縁BC上の点Eで反射し、次に縁CD上の点Fで反射し点Pに届いた、と

いう状況を考えましょう。反射の法則から，縁CDに関する点Pの対称点P_1は，直線EF上にあります。また，縁BCに関する点Fの対称点F_1は，直線AE上にあります。ということは，縁BCに関する点P_1の対称点P_2は，点A，E，F_1を通る直線上に乗るということです。

このように，反射の回数が増えた場合も，最終到達点の反射面に関する対称点を順番に追いかけていけば，最初に進むべきコースを明らかにできます。

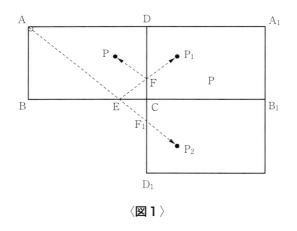

〈図1〉

ただし，【問35】で問われているのは，最初に進むべきコースではなく，指定された2つの縁で反射して到達できる範囲です。〈図1〉で見たとおり，A→E→F→Pの順にたどる場合，A→E→F_1→P_2が一直線上に並びます。したがって，2つの反射面に対する点Pの対称点P_2と点Aを結んだ直線が，線分BCおよびCD_1と交わる条件を考えればよいのです。

下図のように,

辺 CD に関する点 A, B の対称点をそれぞれ点 A_1, B_1

辺 BC に関する点 D, A_1 の対称点をそれぞれ点 D_1, A_2

とする。また,

辺 CD に関する甲, 乙, 丙の対称点をそれぞれ甲$_1$, 乙$_1$, 丙$_1$

辺 BC に関する甲$_1$, 乙$_1$, 丙$_1$ の対称点をそれぞれ甲$_2$, 乙$_2$, 丙$_2$

とする。点 A と甲$_2$, 乙$_2$, 丙$_2$ をそれぞれ直線で結ぶと, 最初に BC と交わり, 続いて CD$_1$ と交わるのは, 直線 A 甲$_2$ のみである。

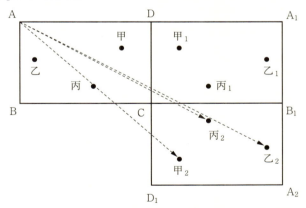

したがって, 点 A から縁 BC と縁 CD の順に 2 回反射させて当てられるのは, 甲に置かれた球である。

答　甲

翻訳メソッド36 角の移動では合同や相似の利用も考えよ

　図形内の離れた位置にある2つの角を移動したり，それらを合算する方法には，平行線を使った錯角，同位角や円を使った円周角などで角を移動することを考えます。さらには合同や相似で2つの角がぴたりと重なることを利用する場合もあります。ここでは角の移動の原点になる長方形，二等辺三角形などの基本図形を用いて角の移動を考えてみましょう。

【問36】図形内の角の和

　1cmきざみの方眼紙に，下図のように2本の直線を引くことで角度 a と b が生じる。長方形や正方形の性質を使って，$a+b$ を求めなさい。

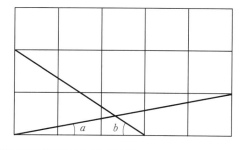

第3章 図形問題

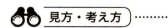見方・考え方

2つの角 a と b に対して，方眼紙の各点を頂点とする図形では，角 $a + b$ を一つの角に持つ図形は表面上現れていません。そこで，a あるいは b を移動して $a + b$ を一つの角に持つ図形を探ることから，この問題を考えていきます。この移動は 1 cm の方眼紙上に容易に描ける正方形，長方形，直角三角形などを利用しておこなっていきます。

1 cm の方眼紙ですから下図のような太線の長方形と破線の長方形は，6個の正方形で作られているので，ピッタリ重なる長方形とみなせます。

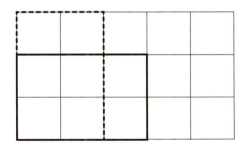

また，長方形（正方形を含む）とは，4つの角がすべて 90° の四角形のことで，ピッタリ重なる長方形があるとき，それぞれにできる対角線の長さはすべて等しいことがいえます。さらに，対角線で2つに分けた三角形はぴったり重なるので，次ページの図の角（記号が同じところ）も等しくなります。

175

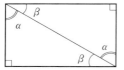 

　角の大きさについても，α と β の和が $90°$ になるという性質があります。とくに正方形では，対角線を引いてできる三角形は直角二等辺三角形です。このことを利用すれば，$45°$ という具体的な値（角度）を得ることもできます。

　さて，最終目標は $a+b$ の値です。角 a，角 b の大きさをそれぞれ求めて加えるのは，中学レベルでは不可能です。そこで，a と b をこの方眼紙上で移動して１ヵ所にまとめ，その角 $a+b$ を含む図形の特徴を調べることが当面の目標となります。この移動のための道具が，前述した長方形や正方形の性質なのです。

［注］１）角 a と角 b の和を計算で求める方法は 183 ページで紹介します。
　　　２）マス目を利用して平行線を引き，錯角や同位角などの利用を考える人もいるとは思いますが，ここではこれらは使えません。あくまでも問題文に指示のある長方形や正方形の性質の利用に限定されています。
　　　３）２つの図形がピッタリ重なることを，数学用語で言い換えると，「２つの図形は合同である」といいます。

第3章　図形問題

解説 36

下図のように，方眼の交点に A ～ H と名前をつける。

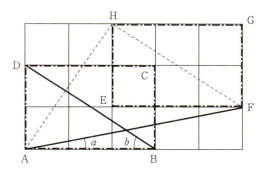

点 A と点 H，点 F と点 H をそれぞれ直線で結ぶと，△AFH が描ける。この三角形の内角のひとつ∠AFH は，∠AFE と∠HFE の和に等しい。角 a は対角線 AF でつくられる角であるから

$$\angle \text{AFE} = \angle \text{FAB} = a$$

である。また，∠HFE は長方形 EFGH の対角線がつくる角だが，これは長方形 ABCD の対角線がつくる∠DBA と等しい。したがって

$$\angle \text{HFE} = \angle \text{DBA} = b$$

である。つまり

$$\angle \text{AFH} = \angle \text{AFE} + \angle \text{HFE} = a + b$$

ということで，これは求めたい角度そのものである。

177

次に、△AFH の内角のひとつ∠AHF に注目する。この角の大きさは∠AHE と∠FHE の和に等しい。∠AHE は∠HFE と同様に∠DBA と等しいので

$$\angle \text{AHE} = \angle \text{DBA} = b$$

である。また、∠FHE は直角三角形 EFH の内角のひとつだが、∠FEH が直角で、∠HFE $= b$ なので

$$\angle \text{FHE} = 180° - 90° - b = 90° - b$$

とわかる。したがって、∠AHF は

$$\angle \text{AHF} = \angle \text{AHE} + \angle \text{FHE} = b + (90° - b) = 90°$$

である。つまり、△AFH は直角三角形である。

さらに、AH と FH はいずれも 2 マス×3 マスの長方形の対角線なので、長さが等しい（AH = FH）。したがって、△AFH は直角二等辺三角形である。

∠AFH は、直角二等辺三角形の直角ではない角のひとつなので、45°である。

答　45°

第3章 | 図形問題

三角比は便利

【問 36】の角 a は、下の〈図1〉で網かけをした直角三角形の直角以外の一つの角です。

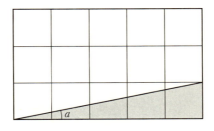

〈図1〉

この直角三角形は底辺の長さが5マス、高さが1マスで、これと相似な底辺が10マス、高さが2マスでも、高さと底辺の比 $\dfrac{高さ}{底辺}$ は $\dfrac{1}{5}$ で、変わりません。一般に、直角三角形の直角以外の一つの角が a であるとき、これに相似な直角三角形の辺の比 $\dfrac{高さ}{底辺}$ の値はつねに $\dfrac{1}{5}$ と一定です。この比の値を**正接（タンジェント）**の三角比と言い、$\tan a$ で表します。ここでは、$\tan a = \dfrac{1}{5}$ と表します。

これ以外にも，$\dfrac{高さ}{斜辺}$，$\dfrac{底辺}{斜辺}$などの比の値も，それぞれ一定の値となります。一般に，直角三角形の一つの鋭角に対する，$\dfrac{高さ}{斜辺}$，$\dfrac{底辺}{斜辺}$のような辺の比を総称して**三角比**と呼んでいます。

　同様に，【問36】の角 b についても $\tan b = \dfrac{2}{3}$ と表せます。

　ここで，ひとつ公式を紹介しましょう。

$$\tan(a+b) = \dfrac{\tan a + \tan b}{1 - \tan a \tan b}$$

が成り立ちます。これを用いると

$$\tan(a+b) = \dfrac{\dfrac{1}{5} + \dfrac{2}{3}}{1 - \dfrac{1}{5} \times \dfrac{2}{3}} = \dfrac{\dfrac{3}{15} + \dfrac{10}{15}}{1 - \dfrac{2}{15}} = 1$$

と求まり，これから $a + b = 45°$ と定めることができます。

[注]（1）タンジェント以外にも，$\dfrac{高さ}{斜辺}$を**正弦(サイン)**，$\dfrac{底辺}{斜辺}$を**余弦(コサイン)**や，さらには$\dfrac{底辺}{高さ}$を**余接(コタンジェント)**，$\dfrac{斜辺}{高さ}$を**余割(コセカント)**，$\dfrac{斜辺}{底辺}$を**正割(セカント)**として三角比は6種類が定義されています。

[注]（2）$\tan(a+b) = 1$ を言葉で言い換えると，$\dfrac{高さ}{底辺} = 1$ となります。すなわち，この値を満たす直角三角形は，底辺と高さが等しいことを示しています。これは直角二等辺三角形です。したがって，$a+b$ はその底角として，$a+b = 45°$ が決まります。

翻訳メソッド 37 正五角形は外接円の中心の利用を図れ

　正多角形は各辺の長さがすべて等しく，かつ内角の大きさがすべて等しい図形です。このうち，定規とコンパスを用いて作図可能な正多角形は正三角形，正方形，正五角形，正六角形，正八角形などです。正七角形や正九角形などは描くことができないことが知られています。

【問 37】2 つの弦がつくる角

　円周を 5 等分した点を図のように A，B，C，D，E とし，弦 AC と弦 BD の交点を F とします。∠AFD の大きさを求めなさい。

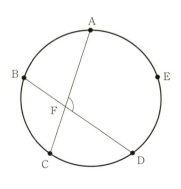

[注] 円周上の 2 点を結ぶ線分を**弦**といい，その中で長さが最大のものを**直径**といいます。

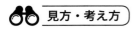

　定規とコンパスを用いて，円周を5等分する点は簡単に描けそうですが，じつはこの点を描くのはそう簡単ではありません。したがって，この問題はこのような点が描けることを前提にしているのです。

　隣り合う等分点を結んだ線分の長さはいずれも同じ長さになりますから，等分点を順に結んでできる図形は正五角形になります。

　正五角形に限らず，円に内接する図形では円周角や中心角を忘れてはなりません（〈図1，2〉）。

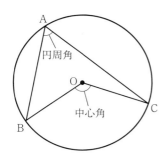
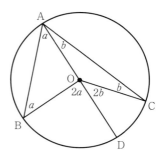

〈図1〉円周角と中心角　　〈図2〉中心角は円周角の2倍に等しい

 解説37

　A～Eは円周上に等間隔（弧の長さが同じ）に並ぶ点であるから，これらの点の隣り合う2点を結ぶ弦の長さはすべて等しい。したがって，この五角形ABCDEは〈図3〉

のような正五角形である。

また，△BCA，△BCD のように，となり合う3点を頂点とする三角形はすべて，頂角が108°の二等辺三角形である。この二等辺三角形の底角は，

$$\angle BAC = \angle CBD = \angle BCA = \frac{180° - 108°}{2} = 36°$$

である。

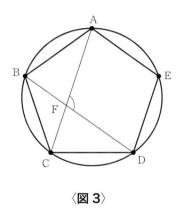

〈図3〉

△FBC において

$$\angle BFC + \angle FBC + \angle FCB = 180°$$

なので，

$$\angle AFD = \angle BFC = 180° - 2 \times \angle FBC$$
$$= 180° - 2 \times 36° = 108°$$

である。

<u>答　108°</u>

[注] 1) △FBC と△BCA が相似であることに着目して
$$\angle AFD = \angle BFC = \angle CBA = 108°$$
と，相似を利用して，一足飛びに結論を引き出した人も多いと思います。もちろん，これも正解です。
2) 正五角形のひとつの内角の大きさを「108°」と暗記している人もいると思いますが，これは次のように求められます。
正五角形 ABCDE を 3 つの三角形△ABC，△ACD，△ADE に分割すると
　　正五角形の内角の和 ＝△ABC の内角の和
　　　　　　　　　　　＋△ACD の内角の和
　　　　　　　　　　　＋△ADE の内角の和
が成り立ちます。したがって，正五角形のひとつの内角の大きさは
$$(180° \times 3) \div 5 = 108°$$
と求まります。

第3章　図形問題

翻訳メソッド 38　角の移動は平行線を利用せよ

　2本の直線に第3の直線が交わるとき、いろいろな角ができます。とくに、最初の2本が平行線であるとき、これに第3、第4などの直線を引くことによって、大きさの等しい角が複数個生まれます。この性質を利用して、図形内の他の位置にある角を、目的の場所に移動することも可能になるのです。ここでは、平行線にまつわる代表的な問題を見ていきましょう。

【問38】補助線のマジック（1）

　次の図（1）、（2）はいずれも、互いに平行な2本の直線 *l* と *m*、およびそれらに平行でない複数の直線（線分）からなります。*x* と *y* の角度を求めなさい。

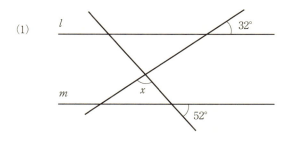

(2)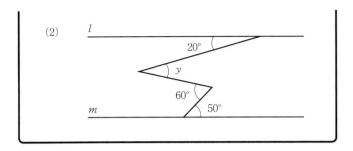

👀 見方・考え方

補助線を引くとき，まず平行線の性質を想像することがポイントになります。そこで，平行線の性質を確認しておきましょう。

〈**図1**〉のように，2本の直線に第3の直線（破線）が交わるとき，2つの交点では8ヵ所の角ができ，このうち

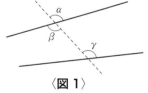

〈**図1**〉

の〈**図1**〉の位置にある角を，図のように α，β，γ と名づけます。このとき，〈**図1**〉の角 α，β，γ に対して

α と β の位置にある2つの角を**対頂角**，

α と γ の位置にある2つの角を**同位角**，

β と γ の位置にある2つの角を**錯角**

といいます。とくに，〈**図2**〉のように2つの直線が平行であるとき，$\alpha = \beta = \gamma$ が成り立ち，この逆もいえます。これを**平行線の性質**といいます。

さらに，〈**図2**〉のように，平行線に交わる直線があるとき，「角 α を平行線によって β や γ に移動できる」と読

み換えられるのです。

【問38】は，平行線の性質を利用できるように補助線を引くことで解決を図ります。

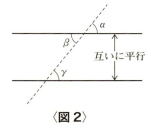

〈図2〉

 解説38

(1) 下図のように交点を A，B，C とする。

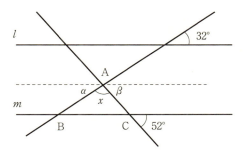

点 A を通り直線 l，m と平行な直線（破線）を引き，新しくできた角の大きさを図のように α，β とすると

$$\alpha + x + \beta = x + 52° + 32° = 180°$$

となる。よって

$$x = 180° - 52° - 32° = 96°$$

である。

答　96°

[注] 補助線を引かずに，32°と52°を△ABCの内角に移動して求めることもできます。

(2) 下図のように，l，mと平行な直線（破線）を2本引くと，新たな角 α，β，γ，δ ができる。

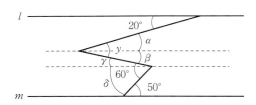

平行線の性質より

$$\alpha = 20°,\quad \beta = \gamma,\quad \delta = 50°$$

が成り立つ。また，

$$\gamma + \delta = 60°$$

なので，

$$\gamma = 60° - 50° = 10° = \beta$$

となる。よって

$$y = \alpha + \beta = 20° + 10° = 30°$$

である。

答　30°

翻訳メソッド 39 補助線は目的を持って引け

　補助線を引く場所を変えると，そこに生まれる図形も異なってきます。当然，取り上げる図形も異なってきますから，使う定理や公式などの道具も異なってきます。どのような道具を使うのが適切かを考えて補助線を引いてみましょう。

【問 39】補助線のマジック（Ⅱ）

　下図の△ABC は，
　　AB = 5 cm，BD = 3 cm，∠ABD = ∠CBD = 60°
の三角形です。BC の長さを求めなさい。

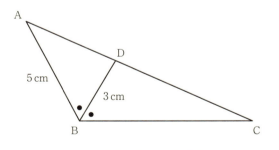

見方・考え方

　BC の長さを求めるのですが，どこから手をつけてよい

か，定かではありません。このようなときには，与えられた条件の特徴に着目するのも方法の一つです。本問の角の条件は 60° という有名な角が与えられています。この大きさの角を持つ三角形として正三角形や，角が 30°・60°・90° の三角定規（半正三角形）を思い描くことでしょう。60° の利用を考えて D を通り AB に平行な線を引くことで正三角形をつくることができます。これが一つの方法です。

また，半正三角形の辺の比 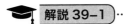 の利用が可能かも検討に値することです。このときは D や A から補助線として垂線を引き，60° を内角とする直角三角形をつくるのです。

🎓 解説 39–1

下図のように，点 D を通り AB に平行な直線を引き，BC との交点を E とすると，

$$BC = BE + EC$$

と表せる。

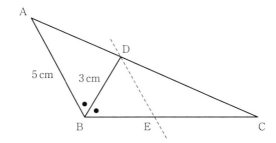

したがって，BCの長さを知るためには，BEとECの長さをそれぞれ求めればよい。

ABとDEは平行なので，△DBEの内角の大きさはすべて60°であり，△DBEは正三角形である。したがって，

$$BE = BD = 3 \text{ cm}$$

である。

また，$\angle ABC = \angle DEC = 120°$，$\angle ACB = \angle DCE$ なので，△ABCと△DECは相似である。したがって，この2つの三角形の対応する辺の長さの比は等しい。つまり，

$$AB : DE = BC : EC$$

となる。

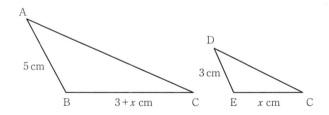

ここで，EC = x とおくと，上式は

$$5 : 3 = (3 + x) : x$$

と直せる。外項の積と内項の積とが等しいから

$$5x = 3(3 + x)$$

$$5x = 9 + 3x$$

$$2x = 9$$

となり,よって

$$EC = x = \frac{9}{2} = 4.5 \text{ cm}$$

である。

したがって,BC の長さは

$$BC = BE + EC = 3 + 4.5 = 7.5 \text{ cm}$$

とわかる。

<u>答　7.5 cm</u>

 解説 39-2

　下図のように,点 A から BC と BD に垂線を引き,その足をそれぞれ H_1 と H_3 とする。また,点 D から BC に垂線を引き,その足を H_2 とする。

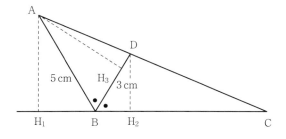

ここで,三角形の面積について,

$$\triangle ABC = \triangle ABD + \triangle DBC \quad \cdots ①$$

が成り立つ。すなわち，

$$\frac{1}{2} \times BC \times AH_1 = \frac{1}{2} \times BD \times AH_3 + \frac{1}{2} \times BC \times DH_2$$

が成り立つ。整理すると

$$BC \times AH_1 = BD \times AH_3 + BC \times DH_2 \quad \cdots ②$$

となる。

$\triangle ABH_1$ と $\triangle ABH_3$ と $\triangle DBH_2$ はいずれも，一つの角の大きさが60°の直角三角形である。このような三角形の3辺の長さの比は $1:2:\sqrt{3}$ であることが知られている。このことから

$$AH_1 = AH_3 = 5 \div 2 \times \sqrt{3} = \frac{5\sqrt{3}}{2} \quad \cdots ③$$

$$DH_2 = 3 \div 2 \times \sqrt{3} = \frac{3\sqrt{3}}{2} \quad \cdots ④$$

である。

ここで，求めたい BC の長さを x として，式②に式③と式④を代入すると，

$$x \times \frac{5\sqrt{3}}{2} = 3 \times \frac{5\sqrt{3}}{2} + x \times \frac{3\sqrt{3}}{2}$$

となり，これを整理すると

$$5x = 15 + 3x$$

$$2x = 15$$

$$x = \mathrm{BC} = 7.5 \text{ cm}$$

が得られる。

答　7.5 cm

[注] 1) 3つの角の大きさがそれぞれ 30°, 60°, 90° である直角三角形は, 小学生時代に使った三角定規と同じ形 (相似形) です。この直角三角形の3辺の長さの比 $1:2:\sqrt{3}$ は, ぜひとも覚えてください。【問 39】の「見方・考え方」で述べたとおり, 図形問題においては重要です。

もう一方の三角定規は, 角の大きさが 45°, 45°, 90° の直角二等辺三角形でしたね。この三角形の3辺の長さの比 $1:1:\sqrt{2}$ も, 覚えておくと役に立ちます。

2) 高校で学ぶ三角比を用いると,【問 39】は補助線を引かずに解決できます。

もとの図に表れている3つの三角形の面積はそれぞれ

$$\triangle \mathrm{ABC} = \frac{1}{2} \mathrm{BC} \cdot \mathrm{AB} \sin 120°$$

$$\triangle \mathrm{ABD} = \frac{1}{2} \mathrm{BD} \cdot \mathrm{AB} \sin 60°$$

$$\triangle \mathrm{BCD} = \frac{1}{2} \mathrm{BC} \cdot \mathrm{BD} \sin 60°$$

と表せます。これと

$$\triangle \mathrm{ABC} = \triangle \mathrm{ABD} + \triangle \mathrm{BCD}$$

より

$$\frac{1}{2} \mathrm{BC} \cdot \mathrm{AB} \sin 120° = \frac{1}{2} \mathrm{BD} \cdot \mathrm{AB} \sin 60° + \frac{1}{2} \mathrm{BC} \cdot \mathrm{BD} \sin 60°$$

が成り立ちます。ここで, $\sin 120° = \sin 60°$ であるので, $\mathrm{BC} = x$ とおいて整理すると

$$5x = 15 + 3x$$

という式が得られます。

第3章 | 図形問題

翻訳メソッド 40　展開図の種類とその特徴を考えよ

　ここからは，立体図形を扱う問題を見ていきましょう。立体図形の代表といえば立方体，すなわち正六面体で，これはさまざまな問題に登場します。まずは，サイコロを扱う問題で立体のイメージづくりに挑戦してみてください。

【問 40】サイコロの目

　右図は，ある方向からサイコロを見た様子で，1，2，3 の目の配置がわかります。下の（1）〜（4）の図はこのサイコロの展開図です。各展開図に 4 〜 6 の目を描きなさい。ただし，サイコロは向かい合う面の目の数の和が 7 になるようにつくられています。

(1)

(2)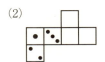

(3)

(4)

見方・考え方

　立方体の展開図を考えるとき，どの稜（辺）で切り離すかが重要です。その違いによってさまざまな形の展開図が得られます。その形は，回転させたものや上下左右に反転したものを除くと，次の11種類があることが知られています。問題の展開図はこの中の色つきの4つです。

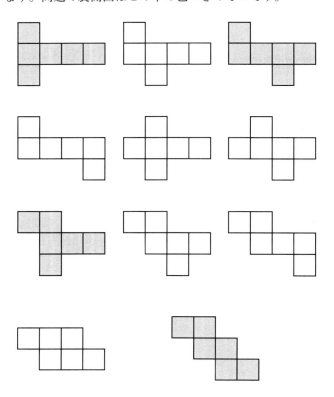

第3章 | 図形問題

　与えられたサイコロでは，1〜3の目が見えています。向かい合う面の目の数の和がつねに7になるという条件から，1の面に向かい合う面の目は6，2の面に向かい合う面の目は5，3の面に向かい合う面の目は4とわかります（下図）。したがって，与えられた展開図の空欄の面に目の数を書き込むには，組み立てたときに向かい合う面の組み合わせを考えればよいのです。

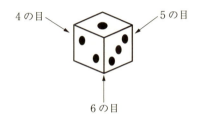

［注］多面体において，2つの面が接する辺を**稜**といいます。

解説 40

(1)　3つの空欄の面の目の数を〈図1〉のように a, b, c とする。この展開図から立方体をつくったとき，a, b, c の面が向かい合うのはそれぞれ1，2，3の面である。したがって

$$a=6,\ b=5,\ c=4$$

とわかる。

〈図1〉

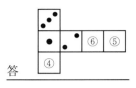

答 _____

　(2), (3), (4) も同様に，向かい合う面の組み合わせを考えればよい。答えは次のとおり。

(2)

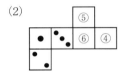

(3)

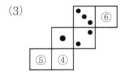

(4)

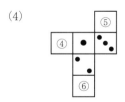

[注] 1) 向かい合う面の目の和が7になるという条件が共通でも，1, 2, 3の面の配置が異なれば，展開図は違ったものになります。たとえば，〈図2〉のサイコロ（【問40】と同じもの）と〈図3〉のサイコロの展開図は異なります。

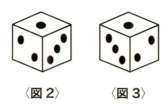

〈図2〉　　　〈図3〉

2) 1〜3の目の配置が〈図2〉のように反時計回りになっているサイコロを雌サイコロ，〈図3〉のように時計回りになっているサイコロを雄サイコロと呼び分けることがあります。

翻訳メソッド 41 側面の考察では展開図を描け

　立体の見取り図はイメージ図であり，そこに描かれている線分や角度などの大きさは正しい比で表されていません。したがって，正しい情報を得るには平面上で描き換えるなどでこれを解消しなければなりません。展開図はこの正しい比の情報を得る方法の一つと言えます。

【問 41】展開図の利用（I）

　右図のような，底面が 1 辺 2 cm の正三角形で，高さが 10 cm の正三角柱があります。アリが点 A から柱を登って行き，点 D にたどり着きました。その様子を上から見ると，アリは柱を 2 周していました。アリの移動距離は最短で何 cm ですか。

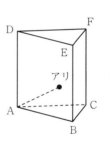

見方・考え方

　アリは柱の側面（面 ABED と面 BCFE と面 CADF）のみを移動すると考えてよいでしょう。このとき，アリは 1 周目の終わりに必ず AD 上のある点 M に到着し，そこか

う2周目をスタートします（〈図1〉）。
点Aから点Dにいたる最短の経路は，
点Aから点Mまでの最短経路と点M
から点Dまでの最短経路の合計に相
当します。そこでまず，行程の前半に
あたる，点Aから点Mまでの最短経
路を考えてみましょう。

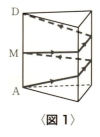

〈図1〉

アリは平面上を移動するので，ある点からある点までの最短経路は2点をつなぐ線分（直線）の長さに等しくなります。線分の長さをわかりやすくするために，この三角柱の側面の展開図を描くと〈図2〉のようになります。展開図上で点Aと点Mを結ぶ直線が，点Aから点Mまでの最短経路です。

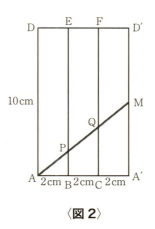

〈図2〉

1周目と同様に，2周目の点Mから点Dへの最短経路は，側面の展開図上でMとDを結ぶ直線で表されます。した

がって，求められている最短経路の距離は直線 AM と MD の長さの和に相当します。

 解説 41

アリが三角柱の側面を2周するので，側面の展開図を2つ分つなげると次のようになる（重複して現れる点は添え字1, 2を用いて表す）。

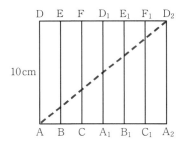

柱を2周しながら点 A から点 D へ向かう経路は，この展開図上で，点 A を出発して左から順番にすべての面を通過して点 D_2 にたどり着く経路に等しい。そのような経路の中で距離が最短になるのは，点 A と点 D_2 を結ぶ線分（図の破線）である。この直線は，底辺が 12 cm で高さが 10 cm の直角三角形の斜辺に等しいので，その長さは

$$AD_2 = \sqrt{12^2 + 10^2} = 2\sqrt{61} \text{ cm}$$

である。

答　$2\sqrt{61}$ cm

翻訳メソッド 42 立体表面の求値問題では展開図と抜き書き図を描け

　立体図形内には，有用な情報や不要の情報など雑多な情報が含まれています。問題解決ではそれらの情報の中から適切な情報を取り上げなければなりません。このようなとき，展開図や目標の角や線分を含む図形の抜き書き（抜き書き図）などは，情報を絞り込むうえで有効な道具となります。

【問 42】展開図の利用（Ⅱ）

　右図のような，各辺の長さが AB＝5 cm，AD＝4 cm，AE＝3 cm の直方体があります。この直方体の上をアリが A から G に向かって動くとします。次の問いに答えなさい。

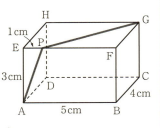

(1) アリが，辺 EF 上の点 E から 1 cm の点 P を通るとき，点 A から G までの最短距離は何 cm ですか。
(2) 底面を除く表面を自由に通れる場合，点 A から G までの最短距離は何 cm ですか。

見方・考え方

(1) Pは定点ですから，AからP，PからGまでの最短距離はそれぞれの線分の長さで与えられます。A－P－Gの最短経路の距離は線分APの長さと線分PGの長さに等しいということです。したがって，求めるべきものは2つの線分（APとPG）の長さです。これらを求めるには，線分AP，PGを含む三角形（四角形）を〈図1〉のように抜き書きすることで目標が容易に定まります。

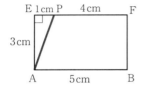
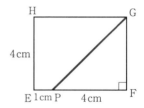

〈図1〉AP，PGの抜き書き図

(2) アリが底面を除く表面を通ってAからGに行くには，必ずEFかBFかEHかDHのいずれかの稜を通過しなければなりません。

たとえば，EFを通過していくことを考えてみましょう。

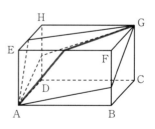

〈図2〉アリの経路

EF上のある点Pを通って面ABFEと面EFGHを移動してGに達するとします。

第3章 | 図形問題

　Pが定点のときは，(1)で求めたように各面上での最短距離 AP と PG の和でした。いま，P が EF 上を動くとき，AP + PG の最小値は

$$AP + PG \geq AG$$

より，AG で決まります。このことから，展開図は〈図 4〉のように稜 EF をつなげた図で考えなければならないことがわかります。

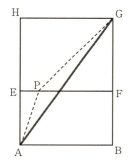

〈図 3〉2 面の最短距離

　この展開図〈図 4〉では稜 BF を通過する経路も表せることがわかります。しかし，稜 EH や稜 DH を通るものは表せません。このときは別の展開図を考える必要があります。

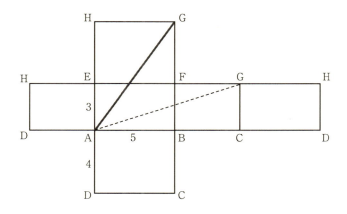

〈図 4〉EF 上を通る展開図

205

(1) P は EF 上の定点だから,A－P－G の最短距離は,面 ABFE 上の線分 AP と,面 EFGH 上の線分 PG の和である(〈**図 5**〉)。

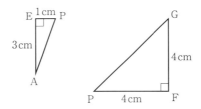

〈**図 5**〉 抜き書き図

$$AP = \sqrt{AE^2 + EP^2} = \sqrt{3^2 + 1^2} = \sqrt{10}$$

$$PG = \sqrt{PF^2 + FG^2} = \sqrt{4^2 + 4^2} = 4\sqrt{2}$$

したがって,求める最短距離は

$$AP + PG = \sqrt{10} + 4\sqrt{2} \text{ cm}$$

である。

答 $\sqrt{10} + 4\sqrt{2}$ cm

(2) 稜 EF あるいは BF を通る経路の展開図をつくると次の 〈**図 6**〉のようになる。このときの G を図のように G_1,G_2 とする。

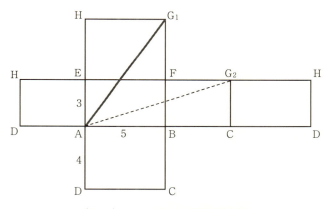

〈図6〉EF, BFを通る展開図

〈図6〉より

$$AG_1 = \sqrt{AB^2 + BG_1^2} = \sqrt{5^2 + 7^2} = \sqrt{74}$$

$$AG_2 = \sqrt{AC^2 + CG_2^2} = \sqrt{9^2 + 3^2} = \sqrt{90}$$

とわかる。

　稜EHあるいは稜DHを通過する経路の展開図は, 次ページの〈図7〉のようになる。このときのGを図のように順に G_3, G_4 とする。

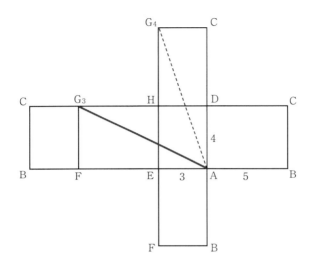

〈図7〉 DH,HE を通る展開図

〈図7〉より

$$AG_3 = \sqrt{AF^2 + FG_3^2} = \sqrt{8^2 + 4^2} = \sqrt{80}$$

$$AG_4 = \sqrt{AE^2 + EG_4^2} = \sqrt{3^2 + 9^2} = \sqrt{90}$$

とわかる。

以上,AG_1,AG_2,AG_3,AG_4 を比べて,最短距離は $\sqrt{74}$ cm である。

答 $\sqrt{74}$ cm

翻訳メソッド 43 立体のイメージを豊かにせよ

　図形の最後の問題として，回転体を通して立体図形のイメージづくりをしてみましょう。立体図形には，立方体や三角柱のように，構成している面が平面である立体（多面体）のほかに，球や円柱，円錐に代表されるように，一部あるいは全部が局面で構成されている立体もあります。とくに，円柱や円錐のイメージは長方形や直角三角形をいずれかの辺（直角三角形の場合は，斜辺以外の辺）の周りに回転させることで得られる立体とみなせることはご承知のことと思います。そして，回転体の特徴を探るには，回転軸を含む平面や回転軸に垂直な平面で切り，その切り口の形状を手がかりにおこないます。

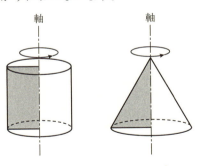

〈図1〉回転軸

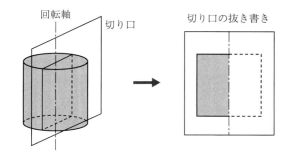

〈図2〉切り口①

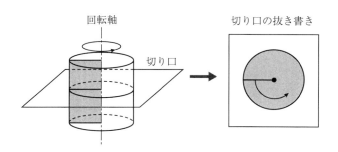

〈図3〉切り口②

【問43】立体のイメージづくり

下の図は BD = 6 cm である正八面体 ABCDEF です。この正八面体を AF を軸として回転させたとき，側面△ABC が通過する範囲の体積を求めなさい。ただし，円周率は π のままでよいことにします。

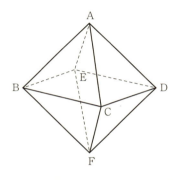

見方・考え方

正八面体 ABCDEF とは，側面の三角形がすべて正三角形で，面 BCDE は正方形です。問題文では，この立体の大きさを，面 BCDE の対角線の長さで 6 cm と与えています。さらに，頂点 A と F を結ぶ直線は面 BCDE に垂直で，しかも面 BCDE の対角線の交点 O を通ります。また，面 ABC，ACD，ADE，AEB のいずれを回転させても，同じ立体になります（〈**図4**〉）。

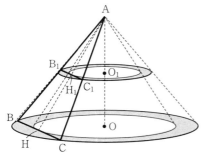 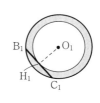

〈図4〉線分 BC の通過範囲　　〈図5〉AOに垂直な平面での切り口

いま，△ABC を AO に垂直な平面（AO との交点を O_1）で切断すると，△ABC の切り口は線分 BC に平行な線分 B_1C_1 であり，この線分を O_1 の周りに回転させると，〈**図5**〉のようなドーナツ状の円環を描きます。この円環の外側の円の半径は O_1B_1（O_1C_1），内側の円の半径は，O_1 から B_1C_1 に垂線を引いたときの交点を H_1 とすれば，O_1H_1 です。面 BCDE に平行な切断面を AO 上のどこにとっても，切り口の図形は〈**図5**〉のようになります。

さらに，この立体を，AO を含む平面で切ると，切り口

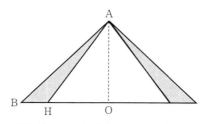

〈図6〉AO を含む平面での切り口

の図形は〈**図6**〉のようになります。

すなわち，できあがった立体は，円環を積み上げたような立体で，大きな円錐と小さな円錐に挟まれた部分であることがわかります。

解説43

AFと面BCDEの交点をOとし，OからBCに引いた垂線の足をHとする（〈**図7, 8**〉）。△ABCをAOの周りに回転して得られる立体の体積は，直角三角形AOBをAOの周りに回転して得られる円錐の体積 V_1 から，直角三角形AOHをAOの周りに回転して得られる円錐の体積 V_2 を引いたものである。

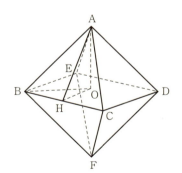
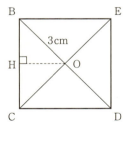

〈図7〉正八面体 ABCDEF　　〈図8〉断面 BCDE

ここで，BD＝6cm から

$$AO = 3\,cm, \quad OB = 3\,cm, \quad OH = \frac{3}{\sqrt{2}}\,cm$$

であるから

$$V = V_1 - V_2 = \frac{1}{3} \times \pi \, \mathrm{OB}^2 \times \mathrm{AO} - \frac{1}{3} \times \pi \, \mathrm{OH}^2 \times \mathrm{AO}$$

$$= \frac{\pi}{3} \times \mathrm{AO} \times (\mathrm{OB}^2 - \mathrm{OH}^2)$$

$$= \frac{\pi}{3} \times 3 \times \left\{ 3^2 - \left(\frac{3}{\sqrt{2}}\right)^2 \right\}$$

$$= \frac{9}{2} \pi \, \mathrm{cm}^3$$

である。

答 $\underline{\dfrac{9}{2} \pi \, \mathrm{cm}^3}$

索引

【あ】

アーメス・パピルス ▶3
与えられた条件を把握する力 ▶17
植木算 ▶22
円 ▶160
　——の面積 ▶160
円環 ▶212
円周角 ▶182
円錐 ▶209
円柱 ▶209
追い越し算 ▶74

【か】

階差数列 ▶115
外接円 ▶181
回転軸 ▶209
ガウス ▶95
ガウス計算 ▶94, 95, 102
角 ▶174
　——の移動 ▶185
過不足算 ▶47, 48
還元算 ▶23
基準量 ▶51, 59, 64, 67
軌跡 ▶168
規則性 ▶79
距離 ▶71, 72, 75
具体化 ▶136
具体化して様子を見る力 ▶20
具体的に展開できる力 ▶21
位取り記数法 ▶22
グループ化 ▶129, 133
群数列 ▶132
計量 ▶156
弦 ▶181
項 ▶104
交点 ▶161
合同 ▶174, 176
コサイン (cos) ▶180
コセカント (cosec) ▶180
コタンジェント (cot) ▶180
困難解消の手順 ▶12
コンパス ▶142

【さ】

差集め算 ▶45, 47, 48
サイコロ ▶195, 197
　雄—— ▶199
　雌—— ▶199
最終目標 ▶19
最小公倍数 ▶54
サイン (sin) ▶180
錯角 ▶186
三角形の面積公式 ▶157
三角定規 ▶190
三角比 ▶179, 180
視覚化 ▶45, 48
時間 ▶71, 72, 75
仕事算 ▶51, 55
指数 ▶107
自然数の和 ▶95
四則計算法 ▶22
自問自答 ▶38
術語 ▶72
手法を選択する力 ▶21
順番の数 ▶84, 104
順番を表す数 ▶104, 121
定規 ▶142
小数 ▶22

初項 ▶ 114
"しらみつぶし"の方法 ▶ 26
遂行力 ▶ 13, 15, 20
数学用語 ▶ 17
数列 ▶ 104
　──の項の表し方 ▶ 114
　──のつくり方 ▶ 114
図形問題 ▶ 141
図や表を使いこなす力 ▶ 18
正割→セカント
正弦→サイン
正五角形 ▶ 181
整数 ▶ 22, 54
正接→タンジェント
正多角形 ▶ 181
正方形 ▶ 143
正六面体 ▶ 195
セカント (sec) ▶ 180
設問を活用できる力 ▶ 21
漸化式 ▶ 111
　3項間── ▶ 118
線対称図形 ▶ 168, 171
相似 ▶ 174
側面 ▶ 200

【た】

対角線 ▶ 161
代数の方法 ▶ 34, 41
体積 ▶ 141
対頂角 ▶ 186
高さ ▶ 165
旅人算 ▶ 74
多面体 ▶ 209
俵算 ▶ 102
単位 ▶ 73, 150
タンジェント (tan) ▶ 179, 180
中心 ▶ 160
中心角 ▶ 182
注水条件 ▶ 59
注水と排水 ▶ 64
注水問題 ▶ 59
直角三角形 ▶ 143, 179
直径 ▶ 181
鶴亀算 ▶ 26, 29, 30
出会い算 ▶ 74
定義，定理を復元できる力
　▶ 17
定義の復元 ▶ 71, 75
定点 ▶ 150
底辺 ▶ 165
展開図 ▶ 195, 196, 200
同位角 ▶ 186
等差数列 ▶ 114, 115
等比数列 ▶ 114, 115
当面の目標 ▶ 19
読解・分析力 ▶ 12, 15, 17

【な】

内角 ▶ 181
長さ ▶ 141
ニュートン算 ▶ 64
抜き書き図 ▶ 203
年齢算 ▶ 22

【は】

倍数 ▶ 54
速さ ▶ 71, 72, 75
パラドックス ▶ 119
半径 ▶ 160
反射の性質 ▶ 168, 169
ビリヤード ▶ 168

フィボナッチ数列
　▶ 116, 117, 119
物理量 ▶ 73
文章題 ▶ 22, 25
文章または式を言い換える力
　▶ 18
分数 ▶ 22
分数列 ▶ 121
平行線 ▶ 185
　──の性質 ▶ 186
方眼紙 ▶ 142, 146
牧牛の問題 ▶ 67
牧草算 ▶ 67
補助線 ▶ 185, 189
翻訳力 ▶ 9, 12, 15, 18

【ま】

見取り図 ▶ 200
みなす ▶ 29-31
無理数 ▶ 149, 150
命数法 ▶ 22
面積 ▶ 141, 152, 165
面積計算 ▶ 152
面積図 ▶ 31, 41
目標設定力 ▶ 12, 15, 19
文字の登用 ▶ 34
文字を使いこなす力 ▶ 18
問題解決力 ▶ 11
問題の構造を分析する力 ▶ 17

【や】

有理数 ▶ 150
余割→コセカント
余弦→コサイン
余接→コタンジェント

【ら】

立体 ▶ 209
立方体 ▶ 195
稜 ▶ 196
リンド・パピルス ▶ 3
類似問題を連想する力 ▶ 20
連立方程式 ▶ 37
論理的に展望する力 ▶ 20

【わ】

和差算 ▶ 74

N.D.C.411.1　217p　18cm

ブルーバックス　B-2033

ひらめきを生む「算数(さんすう)」思考術(しこうじゅつ)
問題解決力を高める厳選43題

2018年1月20日　第1刷発行

著者	安藤久雄(あんどうひさお)
発行者	鈴木　哲
発行所	株式会社 講談社
	〒112-8001　東京都文京区音羽2-12-21
電話	出版　03-5395-3524
	販売　03-5395-4415
	業務　03-5395-3615
印刷所	(本文印刷) 豊国印刷 株式会社
	(カバー表紙印刷) 信毎書籍印刷 株式会社
本文データ制作	株式会社 さくら工芸社
製本所	株式会社 国宝社

定価はカバーに表示してあります。
©安藤久雄　2018, Printed in Japan
落丁本・乱丁本は購入書店名を明記のうえ、小社業務宛にお送りください。送料小社負担にてお取替えします。なお、この本についてのお問い合わせは、ブルーバックス宛にお願いいたします。
本書のコピー、スキャン、デジタル化等の無断複製は著作権法上での例外を除き禁じられています。本書を代行業者等の第三者に依頼してスキャンやデジタル化することはたとえ個人や家庭内の利用でも著作権法違反です。
R〈日本複製権センター委託出版物〉複写を希望される場合は、日本複製権センター（電話03-3401-2382）にご連絡ください。

ISBN978-4-06-502033-3

発刊のことば

科学をあなたのポケットに

二十世紀最大の特色は、それが科学時代であるということです。科学は日に日に進歩を続け、止まるところを知りません。ひと昔前の夢物語もどんどん現実化しており、今やわれわれの生活のすべてが、科学によってゆり動かされているといっても過言ではないでしょう。

そのような背景を考えれば、学者や学生はもちろん、産業人も、セールスマンも、ジャーナリストも、家庭の主婦も、みんなが科学を知らなければ、時代の流れに逆らうことになるでしょう。

ブルーバックス発刊の意義と必然性はそこにあります。このシリーズは、読む人に科学的に物を考える習慣と、科学的に物を見る目を養っていただくことを最大の目標にしています。そのためには、単に原理や法則の解説に終始するのではなくて、政治や経済など、社会科学や人文科学にも関連させて、広い視野から問題を追究していきます。科学はむずかしいという先入観を改める表現と構成、それも類書にないブルーバックスの特色であると信じます。

一九六三年九月　　　　　　　　　　　　　　　　　　　　　　　　　　野間省一

ブルーバックス　数学関係書（I）

- 116 推計学のすすめ　佐藤信
- 120 統計でウソをつく法　ダレル・ハフ／高木秀玄訳
- 177 ゼロから無限へ　C・レイ／芹沢正三訳
- 217 ゲームの理論入門　モートン・D・デービス／桐谷維/森克美訳
- 325 現代数学小事典　寺阪英孝編
- 408 数学質問箱　矢野健太郎
- 722 解ければ天才！　算数100の難問・奇問　中村義作
- 797 円周率πの不思議　堀場芳数
- 833 虚数iの不思議　堀場芳数
- 862 対数eの不思議　堀場芳数
- 908 数学トリック＝だまされまいぞ！　仲田紀夫
- 926 原因をさぐる統計学　豊田秀樹
- 1003 マンガ　微積分入門　岡部恒治/前田忠彦/柳井晴彦絵
- 1013 違いを見ぬく統計学　豊田秀樹
- 1037 道具としての微分方程式　斎藤恭一
- 1074 フェルマーの大定理が解けた！　足立恒雄
- 1076 トポロジーの発想　川久保勝夫
- 1141 マンガ　幾何入門　岡部恒治/藤岡文世絵
- 1201 自然にひそむ数学　佐藤修一
- 1243 高校数学とっておき勉強法　仲田紀夫"原作"/佐々木ケン"漫画"
- 1312 マンガ　おはなし数学史　鍵本聡

- 1332 集合とはなにか　新装版　竹内外史
- 1352 確率・統計であばくギャンブルのからくり　谷岡一郎
- 1353 算数パズル「出しっこ問題」傑作選　仲田紀夫
- 1366 数学版　これを英語で言えますか？　E・ネルソン監修
- 1383 高校数学でわかるマクスウェル方程式　竹内淳
- 1386 数学21世紀の7大難問　芹沢正三
- 1407 パズルでひらめく補助線の幾何学　中村義作
- 1419 暗号の数理　改訂新版　一松信
- 1429 なるほど高校数学　三角関数の物語　原岡喜重
- 1430 大人のための算数練習帳　佐藤恒雄
- 1433 大人のための算数練習帳　図形問題編　佐藤恒雄
- 1453 Excelで遊ぶ手作り数学シミュレーション　田沼晴彦
- 1479 伝説の良問100　安田亨
- 1490 入試数学　伝説の良問100　安田亨
- 1493 計算力を強くする　鍵本聡
- 1536 計算力を強くするpart2　鍵本聡
- 1547 広中杯　ハイレベル中学数学に挑戦　算数オリンピック委員会監修/青木亮二解説
- 1557 やさしい統計入門　柳井晴夫/C・R・ラオ
- 1595 数論入門　芹沢正三
- 1598 なるほど高校数学　ベクトルの物語　原岡喜重
- 1606 関数とはなんだろう　山根英司

ブルーバックス　数学関係書(Ⅱ)

- 1619 離散数学「数え上げ理論」　野崎昭弘
- 1620 高校数学でわかるボルツマンの原理　竹内淳
- 1625 やりなおし算数道場　歌丸優一=漫画
- 1629 計算力を強くする 完全ドリル　鍵本聡
- 1657 高校数学でわかるフーリエ変換　竹内淳
- 1661 史上最強の実践数学公式123　佐藤恒雄
- 1677 新体系・高校数学の教科書（上）　芳沢光雄
- 1678 新体系・高校数学の教科書（下）　芳沢光雄
- 1681 統計学入門　アイリーン・V・ルルーン、ボリン=監訳、井口耕二=訳
- 1684 マンガ　統計学入門　神永正博、ボリン=監訳、井口耕二=訳
- 1694 ガロアの群論　中村亨
- 1704 傑作！数学パズル50　小泓正直
- 1711 高校数学でわかる線形代数　竹内淳
- 1724 なるほど高校数学 数列の物語　宇野勝博
- 1738 ウソを見破る統計学　神永正博
- 1740 物理数学の直観的方法（普及版）　長沼伸一郎
- 1743 マンガで読む 計算力を強くする　清水健一
- 1757 大学入試問題で語る数論の世界　清水健一
- 1764 新体系・中学数学の教科書（上）　芳沢光雄
- 1765 新体系・中学数学の教科書（下）　芳沢光雄

- 1770 連分数のふしぎ　木村俊一
- 1782 はじめてのゲーム理論　川越敏司
- 1784 確率・統計でわかる「金融リスク」のからくり　吉本佳生
- 1786 「超」入門 微分積分　神永正博
- 1788 複素数とはなにか　示野信一
- 1795 シャノンの情報理論入門　高岡詠子
- 1808 算数オリンピックに挑戦 '08～'12年度版　算数オリンピック委員会=編
- 1810 不完全性定理とはなにか　竹内薫
- 1818 オイラーの公式がわかる　原岡喜重
- 1819 世界は2乗でできている　小島寛之
- 1822 マンガ 線形代数入門　北垣絵美=漫画、鍵本聡=原作
- 1823 三角形の七不思議　細矢治夫
- 1828 リーマン予想とはなにか　中村亨
- 1833 超絶難問論理パズル　小野田博一
- 1838 読解力を強くする算数練習帳　佐藤恒雄
- 1841 難関入試 算数速攻術　佐藤恒雄
- 1851 チューリングの計算理論入門　高岡詠子
- 1870 知性を鍛える 大学の教養数学　松島りつこ=画、中川りつこ=画塾
- 1880 非ユークリッド幾何の世界 新装版　寺阪英孝
- 1888 直感を裏切る数学　神永正博
- 1890 ようこそ「多変量解析」クラブへ　小野田博一

ブルーバックス　数学関係書 (III)

年	書名	著者
1893	逆問題の考え方	上村 豊
1897	算法勝負！「江戸の数学」に挑戦	山根誠司
1906	ロジックの世界	ダン・クライアン/シャロン・シュアティル/ビル・メイブリン"絵 田中一之"訳
1907	素数が奏でる物語	西来路文朗/清水健一
1911	超越数とはなにか	西岡久美子
1913	やじうま入試数学	金 重明
1917	群論入門	芳沢光雄
1921	数学ロングトレイル「大学への数学」に挑戦	山下光雄
1927	確率を攻略する	小島寛之
1933	「P≠NP」問題	野﨑昭弘
1941	数学ロングトレイル「大学への数学」に挑戦　ベクトル編	山下光雄
1942	数学ロングトレイル「大学への数学」に挑戦　関数編	山下光雄
1946	撃墜ミステリー　X教授を殺したのはだれだ！	トドリス・アンドリオプロス"原作 タナシス・ゲキオカス"漫画 竹内 薫/竹内さなみ"訳
1949	マンガ「代数学」超入門	ラリー・ゴニック 藪田真弓/藤原譽枝子"訳 鍵本 聡"監訳
1961	曲線の秘密	松下泰雄
1967	世の中の真実がわかる「確率」入門	小林道正
1968	脳・心・人工知能	甘利俊一
1969	四色問題	一松 信
1973	マンガ「解析学」超入門	ラリー・ゴニック"著 鍵本 聡/坪井美佐子"訳絵
1984	経済数学の直観的方法　マクロ経済学編	長沼伸一郎
1985	経済数学の直観的方法　確率・統計編	長沼伸一郎
1998	結果から原因を推理する「超」入門ベイズ統計	石村貞夫
2003	素数はめぐる	西来路文朗/清水健一
BC06	JMP活用　統計学とっておき勉強法	新村秀一

ブルーバックス 12cm CD-ROM付

ブルーバックス　パズル・クイズ関係書

- 921　自分がわかる心理テスト　桂　戴作"監修"・芦原睦
- 988　論理パズル101　デル・マガジンズ社"編"・小野田博一"編訳"
- 1353　算数パズル「出しっこ問題」傑作選　仲田紀夫
- 1366　数学版　これを英語で言えますか？　エドワード・ネルソン"監修"・保江邦夫
- 1368　論理パズル「出しっこ問題」傑作選　小野田博一
- 1423　史上最強の論理パズル　小野田博一
- 1453　大人のための算数練習帳　図形問題編　佐藤恒雄
- 1474　クイズ　植物入門　田中　修
- 1693　10歳からの論理パズル「迷いの森」のパズル魔王に挑戦！　小野田博一
- 1694　傑作！数学パズル50　小泓正直
- 1720　傑作！物理パズル50　ポール・G・ヒューイット"作"・松森靖夫"編訳"
- 1833　超絶難問論理パズル　小野田博一
- 1928　直感を裏切るデザイン・パズル　馬場雄二